できるポケット

エクセル
Excel
マクロ&VBA

Office 365/2019/2016/2013/2010 対応

インプレス

できるシリーズは読者サービスが充実！

できるサポート

本書購入のお客様なら無料です！

わからない

操作が解決

書籍で解説している内容について、電話などで質問を受け付けています。無料で利用できるので、分からないことがあっても安心です。なお、ご利用にあたっては238ページを必ずご覧ください。

詳しい情報は 238ページへ

ご利用は3ステップで完了！

ステップ1 書籍サポート番号のご確認

対象書籍の裏表紙にある6けたの「書籍サポート番号」をご確認ください。

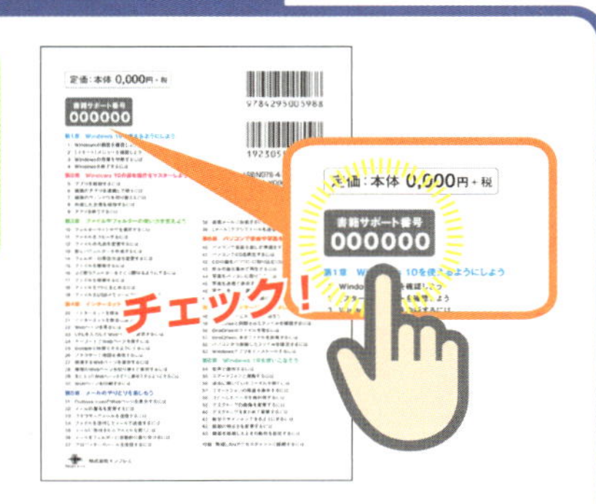

ステップ2 ご質問に関する情報の準備

あらかじめ、問い合わせたい紙面のページ番号と手順番号などをご確認ください。

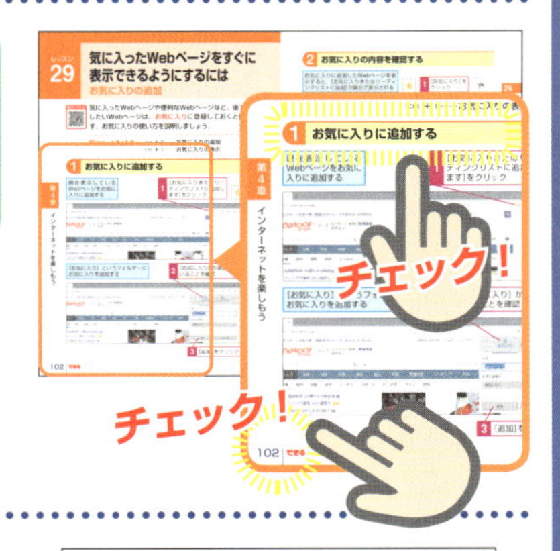

ステップ3 できるサポート電話窓口へ

●電話番号（全国共通）

0570-000-078

※月～金　10:00 ～ 18:00
土・日・祝休み
※通話料はお客様負担となります

以下の方法でも受付中！

- インターネット
- FAX
- 封書

できるネット 解説動画

操作を見て すぐに理解

レッスンで解説している操作を動画で確認できます。画面の動きがそのまま見られるので、より理解が深まります。動画を見るには紙面のQRコードをスマートフォンで読み取るか、以下のURLから表示できます。

本書籍の動画一覧ページ
https://dekiru.net/mvba2019p

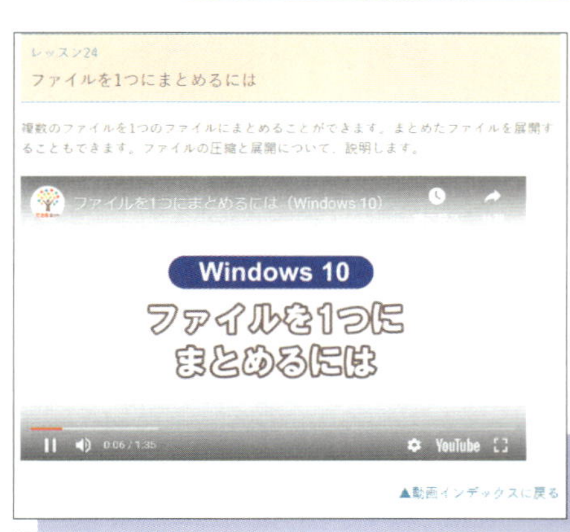

操作をしながら、同じパソコンで動画が確認できる。分からない部分は何度も再生して、同じ手順をマスターできる

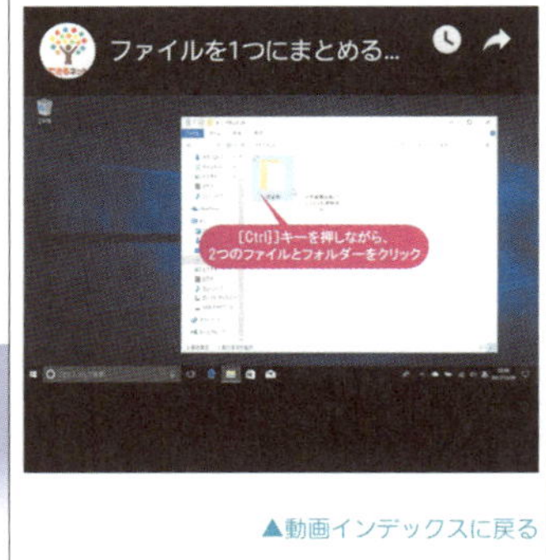

スマホで見る！

QRコードをスキャンして、レッスンごとの動画をすぐに見られる。いつでもどこでも、すきま時間に操作を学べる

※ここに掲載している紙面や画面はサンプルです。

本書の読み方

レッスン

やりたいことを簡潔に解説しています。操作の目的を記すレッスンタイトルと機能名で引けるサブタイトルが付いているので、すぐ調べられます。

サンプル

手順をすぐに試せる練習用ファイルをレッスンごとに用意しています。

ショートカットキー

キーボードを押すだけで簡単に操作できます。

左ページのつめでは、章タイトルでページを探せます。

作成するマクロ

マクロの実行例を紹介。コード全文の意味も分かります。

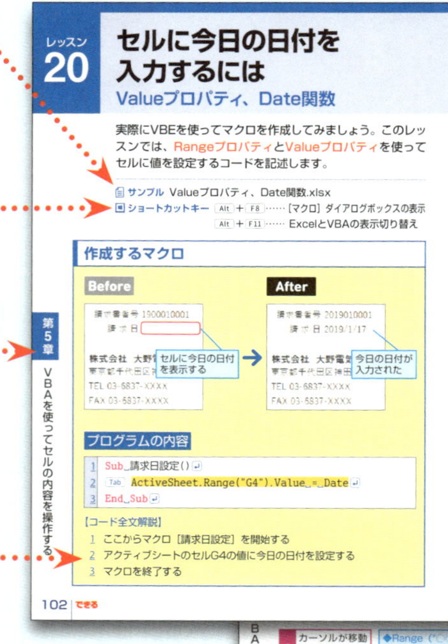

Hint!

レッスンに関連したさまざまな機能や一歩進んだテクニックを紹介しています。

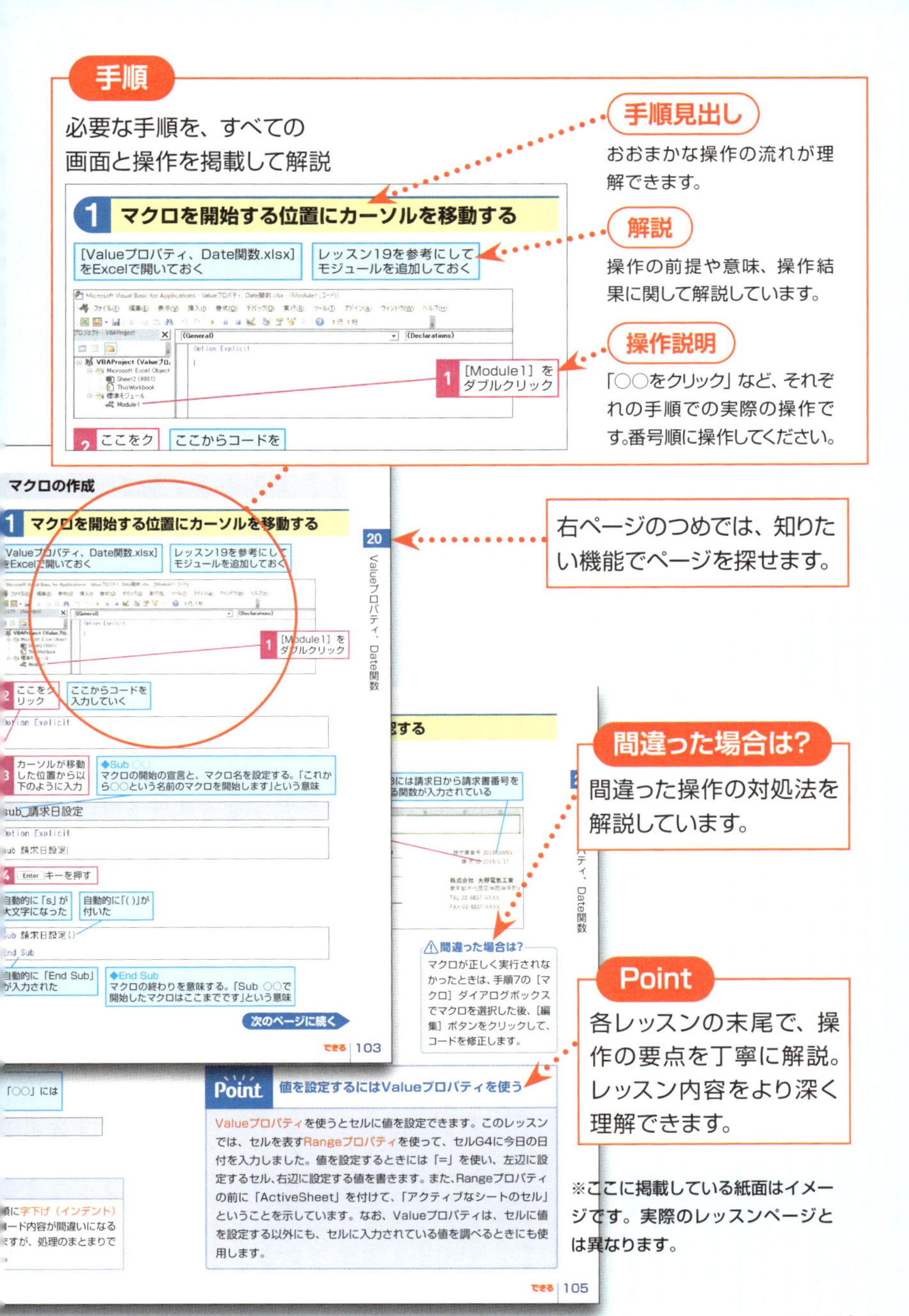

手順
必要な手順を、すべての
画面と操作を掲載して解説
手順見出し
おおまかな操作の流れが理解できます。
解説
操作の前提や意味、操作結果に関して解説しています。
操作説明
「○○をクリック」など、それぞれの手順での実際の操作です。番号順に操作してください。
1 マクロを開始する位置にカーソルを移動する
[Valueプロパティ、Date関数.xlsx]をExcelで開いておく
レッスン19を参考にしてモジュールを追加しておく
1 [Module1]をダブルクリック
2 ここをク
ここからコードを
マクロの作成
右ページのつめでは、知りたい機能でページを探せます。
20
Valueプロパティ、Date関数
間違った場合は?
間違った操作の対処法を解説しています。
間違った場合は?
マクロが正しく実行されなかったときは、手順7の［マクロ］ダイアログボックスでマクロを選択した後、［編集］ボタンをクリックして、コードを修正します。
Point
各レッスンの末尾で、操作の要点を丁寧に解説。レッスン内容をより深く理解できます。
Point 値を設定するにはValueプロパティを使う
Valueプロパティを使うとセルに値を設定できます。このレッスンでは、セルを表すRangeプロパティを使って、セルG4に今日の日付を入力しました。値を設定するときには「=」を使い、左辺に設定するセル、右辺に設定する値を書きます。また、Rangeプロパティの前に「ActiveSheet」を付けて、「アクティブなシートのセル」ということを示しています。なお、Valueプロパティは、セルに値を設定する以外にも、セルに入力されている値を調べるときにも使用します。
次のページに続く
できる 103
できる 105
※ここに掲載している紙面はイメージです。実際のレッスンページとは異なります。

目次

第3章 相対参照を使ったマクロを記録する 51

第4章 VBAの基本を知る 75

第5章 VBAを使ってセルの内容を操作する 93

第6章 VBAのコードを見やすく整える 115

第7章 同じ処理を繰り返し実行する 135

第8章 条件を指定して実行する処理を変える 173

サンプルファイルについて

本書で使用するサンプルファイルは、弊社Webサイトからダウンロードできます。サンプルファイルと書籍を併用することで、より理解が深まります。

▼サンプルファイルのダウンロードページ

https://book.impress.co.jp/books/1119101022

●本書に掲載されている情報について

・本書で紹介する操作はすべて、2019年2月現在の情報です。

・本書では、「Windows 10」と「Office 2019」がインストールされているパソコンで、インターネットに常時接続されている環境を前提に画面を再現しています。

・本書は2019年2月発刊の『できるExcel マクロ&VBA Office 365/2019/2016/2013/2010対応 作業の効率化&時短に役立つ本』の一部を再編集し構成しています。重複する内容があることを、あらかじめご了承ください。

第 1 章

マクロを始める

この章では、Excelが持っているマクロという機能について、どんなことに利用できるのか、どのようにして使うものなのか、そしてどうやって記録するのか実例を交えて分かりやすく解説します。

レッスン 1

マクロとは

Excelのマクロ

Excelにはマクロという非常に便利な機能が備わっています。マクロを使うとExcelでの操作がより快適になります。ここでは、マクロがどのようなものかを解説します。

単純な繰り返し作業がすぐに終わる

例えば、ワークシートに入力した表を分類別に抽出し、グラフ化して印刷するといった作業を毎月、手作業で行ってはいないでしょうか？　同じ操作の繰り返しなら、マクロを使えば操作が楽になります。マクロを使うには、まずExcelでいつも行っている一連の操作を「記録」することから始まります。いったんマクロを記録しておけば、いつでも同じようにその操作を再現できます。

いつも行っている操作をマクロに記録しておけばすぐに再現できる

膨大な処理も自動化で時短できる

手順が簡単な作業の組み合わせで、1つ1つの処理に時間がかかるような作業も、マクロを使うと便利です。例えばワークシートを何種類も続けて印刷することをイメージしてください。印刷の操作自体は簡単ですが実行には時間がかかり、次の作業が中断してしまいます。このようなときも、印刷に必要な手順をすべてマクロに記録しておけば、1回のマクロの実行で順次すべてのワークシートが印刷できるので、パソコンの前で待っている必要がなくなります。

操作の自動化で時間を節約できる

複雑な操作を間違えず正確に実行できる

操作が多くて複雑な作業をマクロに記録しておけば、いつでも操作を間違えることなく実行できます。例えば、学校で学期末の成績集計をするようなときなどに便利です。テストの点数を入力した後は、科目ごとの成績や総合の成績など同じデータを必要に応じて並べ替え、集計をして成績表を印刷することになります。このような作業では、複数の操作を繰り返すため、間違いやすく、やり直しの手間がかかってしまうことがあります。毎日行う作業でなくても複雑な操作をマクロに記録しておけば、いつでも正確に実行できます。

レッスン 2

簡単なマクロを記録するには

マクロの記録

実際に簡単な操作をマクロに記録してみましょう。ここでは、A ～ Cのクラスで集計した成績表からクラスBのデータを抽出し、印刷する操作をマクロに記録します。

サンプル　マクロの記録.xlsx

ショートカットキー　Alt + F8 ……………… [マクロ] ダイアログボックスの表示
Ctrl + P ……………………印刷
Ctrl + Shift + L ……オートフィルターの適用

作成するマクロ

オートフィルターを設定する

	A	B	C	D	E
1	クラス	番号	氏名	国語	英語
2	A	1	塚本 元純	71	58
3	A	2	森山 菜子	82	81
4	A	3	満井 節子	41	85
5	A	4	松本 香	14	68
6	A	5	加山 路恵	77	84
7	A	6	根津 慶子	59	77
8	A	7	大森 裕子	53	73

→

クラスBのデータが印刷される

オートフィルターを設定する（手順3）

↓

クラスBのデータを抽出する（手順4）

↓

クラスBのデータを印刷する（手順5）

↓

オートフィルターを解除する（手順6）

このマークが入っている手順は、マクロとして記録されます。間違えないように操作してください

1 [マクロの記録]ダイアログボックスを表示する

[マクロの記録.xlsx]をExcelで開いておく

1 [表示]タブをクリック

2 [マクロ]をクリック

3 [マクロの記録]をクリック

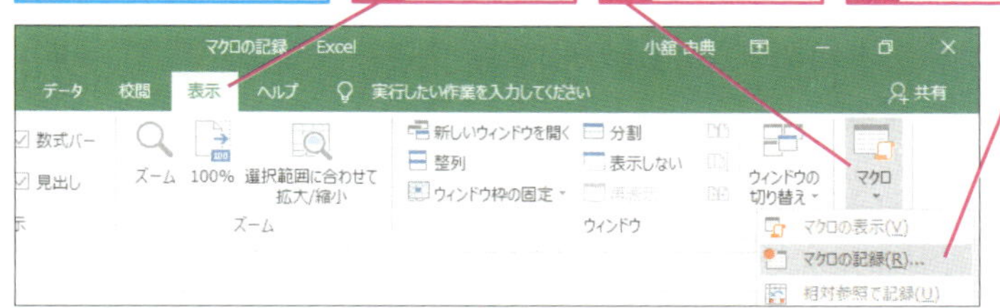

[マクロの記録]ダイアログボックスが表示された

マクロの内容が分かる名前を入力する

4 「クラスB成績表印刷マクロ」と入力

5 ここをクリックして[作業中のブック]を選択

6 [OK]をクリック

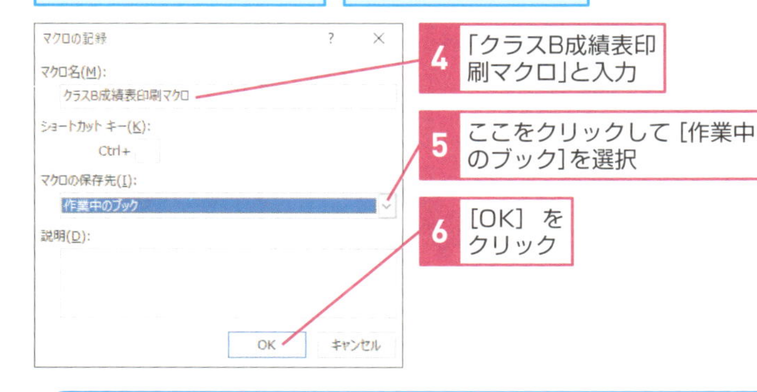

2 マクロの記録が開始された

◆[記録終了]
マクロの記録が開始されると表示される

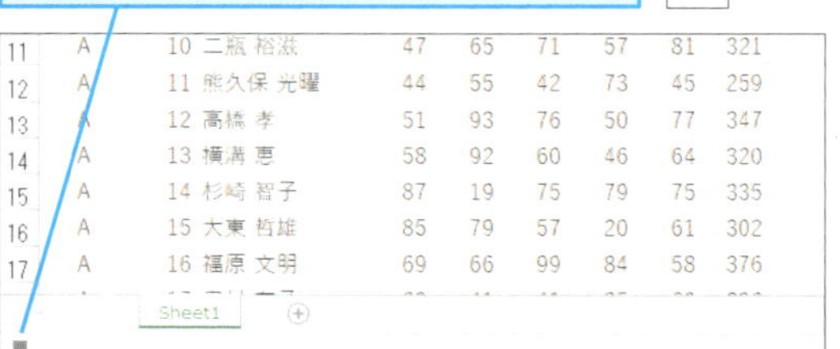

11	A	10	二瓶 裕滋	47	65	71	57	81	321
12	A	11	熊久保 光曜	44	55	42	73	45	259
13	A	12	高橋 孝	51	93	76	50	77	347
14	A	13	横溝 恵	58	92	60	46	64	320
15	A	14	杉崎 智子	87	19	75	79	75	335
16	A	15	大東 哲雄	85	79	57	20	61	302
17	A	16	福原 文明	69	66	99	84	58	376

次のページに続く

3 オートフィルターの抽出条件を解除する 

ここでは、クラスBのデータを抽出する

1 セルA1をクリックして選択

2 [データ]タブをクリック

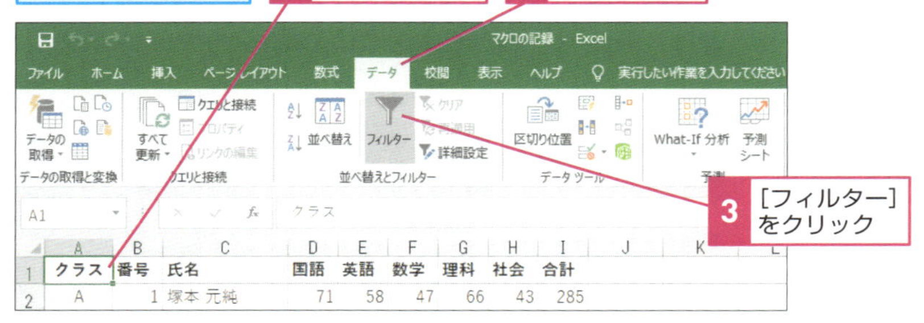

3 [フィルター]をクリック

オートフィルターが設定された

オートフィルターを設定すると、フィルターボタンが表示される 

オートフィルターの抽出条件を一度解除する

4 [クラス]列のフィルターボタンをクリック

5 [(すべて選択)]をクリックしてチェックマークをはずす

クラス	番号	氏名	国語	英語	数学	理科	社会	合計
			71	58	47	66	43	285
			82	81	48	70	42	323
			41	85	61	53	33	273
			14	68	85	82	57	306
			77	84	40	69	76	346
			59	77	78	76	67	357
			53	73	75	88	87	376
			87	73	78	75	58	371

昇順(S)
降順(O)
色で並べ替え(T)
テキスト フィルター(F)
検索
(すべて選択)
A

Hint! マクロの記録中は操作を間違えないようにする

一度記録したマクロの手順は簡単に修正できません。マクロの記録を開始する前に、まず記録する操作の手順を確認することと、さらに記録中は確認した手順を1つずつ間違いがないように操作することも大切です。記録の途中で間違いに気付かずにそのまま記録を完了すると、最初から新たに記録し直さなくてはなりません。

マクロの記録中は［元に戻す］ボタンを使わない

［元に戻す］ボタンをクリックして操作を取り消したマクロを実行すると、取り消したはずの手順の一部が実行されて、マクロが正しく動作しないこともあります。記録した内容を簡単に確認する方法がないので、マクロを記録をするときは［元に戻す］ボタンを使わないように、事前に操作の手順を確認してからマクロを記録しましょう。

4 クラスBのデータを抽出する

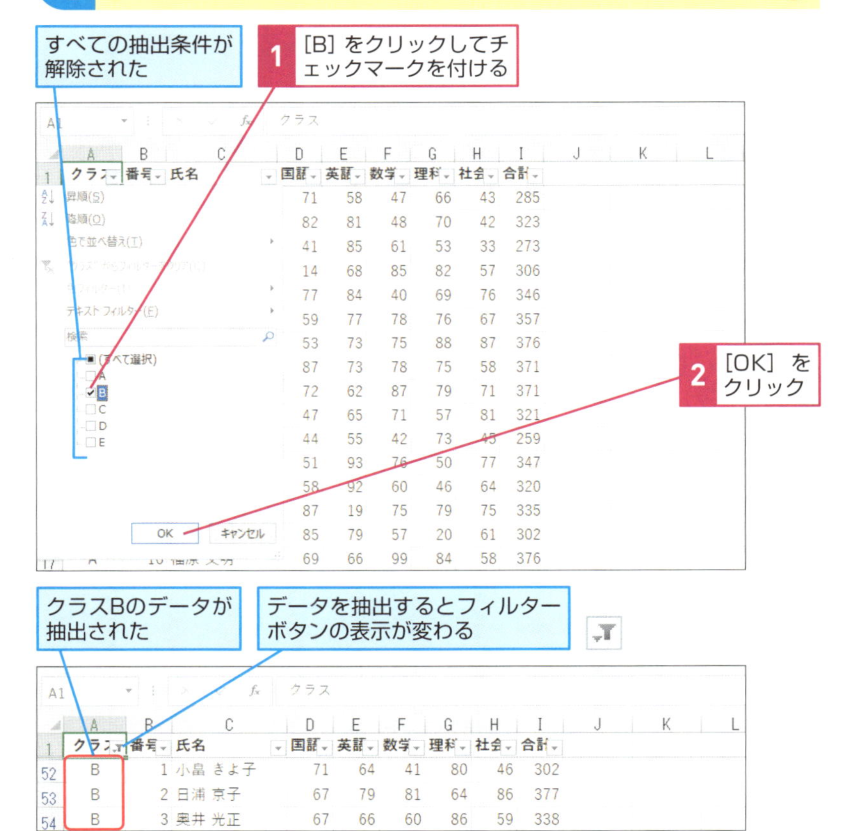

次のページに続く

5 印刷プレビューを表示する

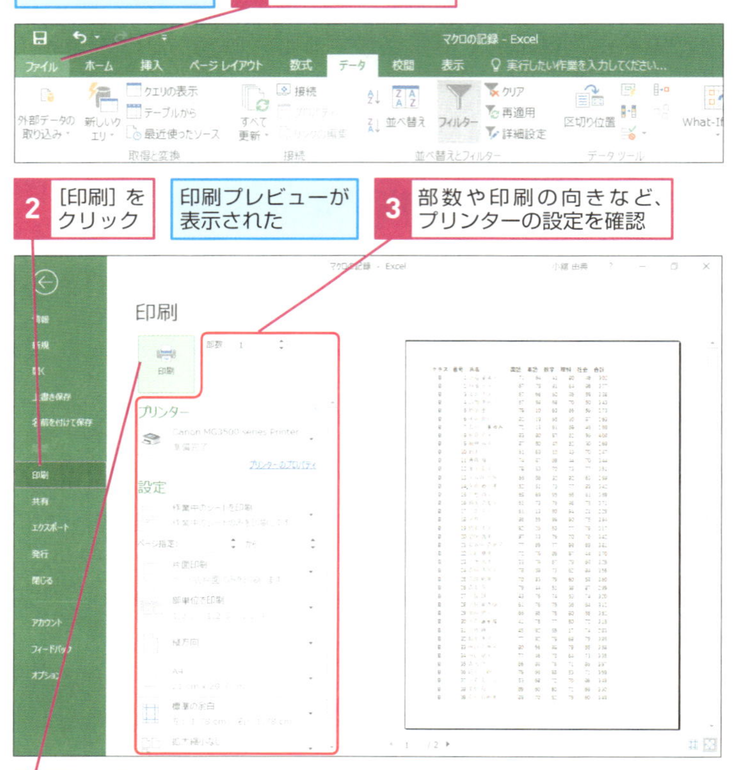

Hint!

オートフィルターを解除してからマクロの記録を終了する

このレッスンで記録するマクロの目的は、成績一覧表から特定のデータを抽出し、抽出したデータのみを印刷することです。記録したマクロを実行すると、データが抽出され、印刷が実行されます。印刷後にすぐにデータを利用できるように、手順6ではオートフィルターを解除する操作を記録し、ワークシートのデータを抽出する前の状態になるようにします。

6 オートフィルターを解除する

クラスBの抽出を解除する

マクロの実行後にオートフィルターが解除された状態にする

1 [データ] タブをクリック

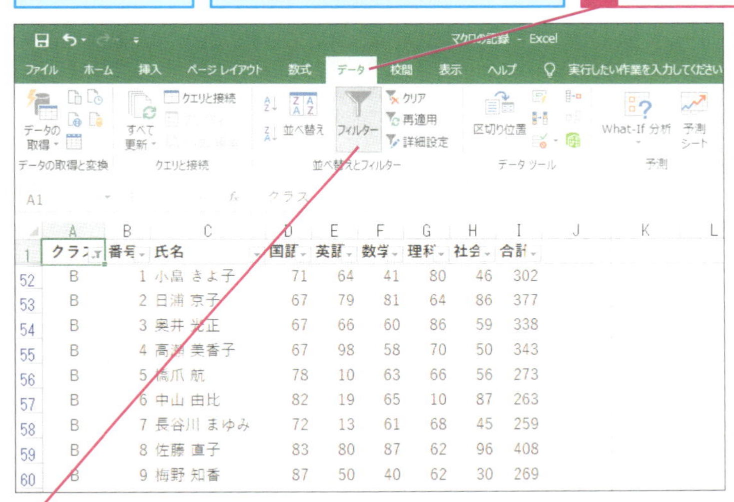

クラス	番号	氏名	国語	英語	数学	理科	社会	合計
B	1	小島 きよ子	71	64	41	80	46	302
B	2	日浦 京子	67	79	81	64	86	377
B	3	奥井 光正	67	66	60	86	59	338
B	4	高瀬 美香子	67	98	58	70	50	343
B	5	橋爪 航	78	10	63	66	56	273
B	6	中山 由比	82	19	65	10	87	263
B	7	長谷川 まゆみ	72	13	61	68	45	259
B	8	佐藤 直子	83	80	87	62	96	408
B	9	梅野 知香	87	50	40	62	30	269

2 [フィルター] をクリック

7 マクロの記録を終了する

これまで操作したマクロの記録を終了する

1 [表示] タブをクリック

2 [マクロ] をクリック

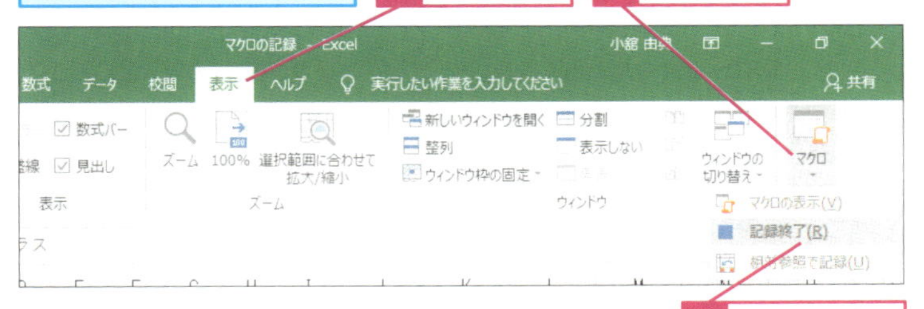

3 [記録終了] をクリック

次のページに続く

8 [名前を付けて保存]ダイアログボックスを表示する

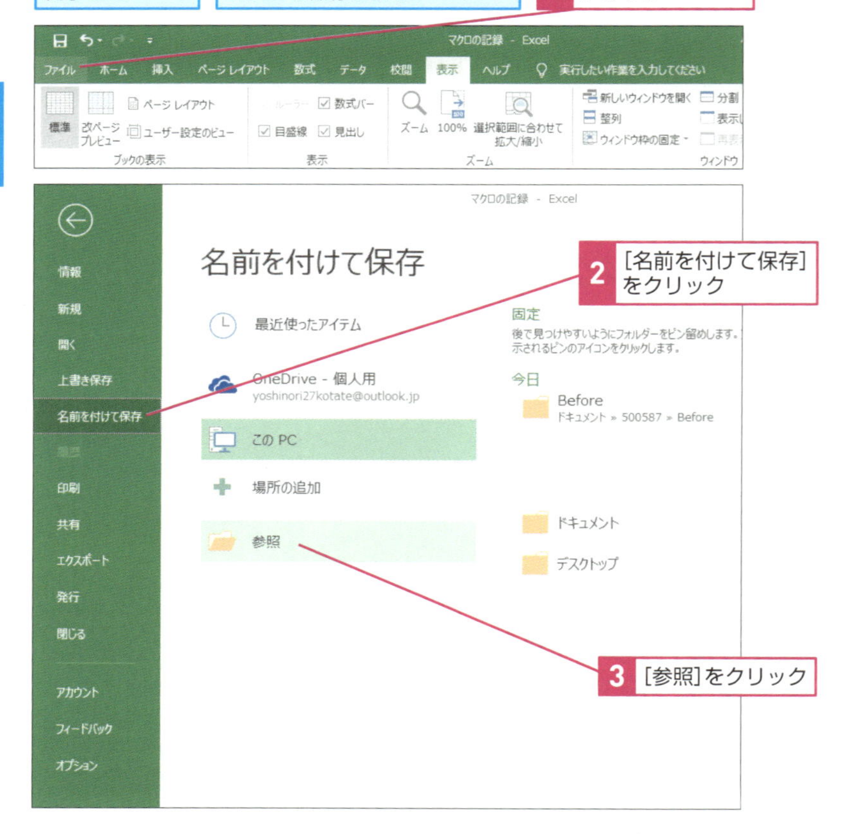

9 ブックを保存する

[名前を付けて保存]ダイアログボックスが表示された

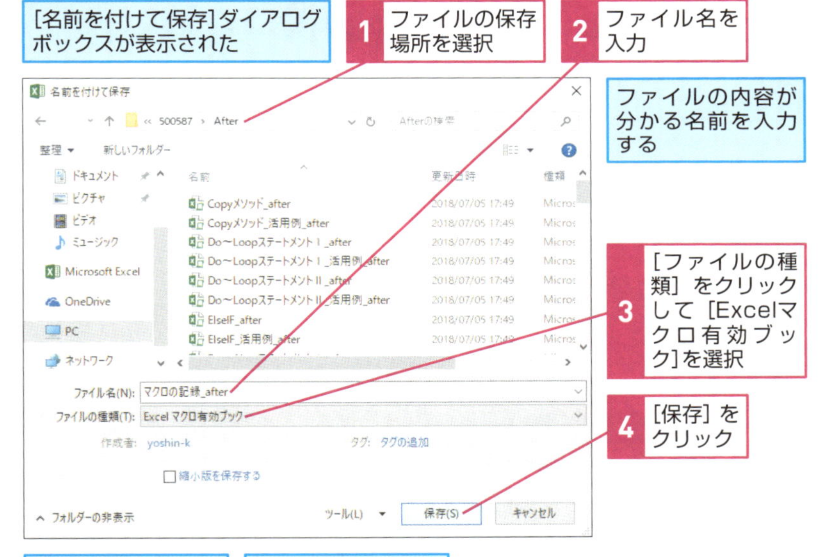

ブックが保存される

ブックを閉じておく

Point マクロの記録中は操作ミスに注意しよう

マクロの記録を行うときは、普段行っている操作をいつも通り1つずつ実行しましょう。ただし、記録中に行った手順はすべてマクロとして記録されるため、間違った操作をしてしまうと、その操作も記録されてしまいます。例えば、このレッスンの操作のように、マクロの記録を開始してから、印刷プレビューで思ったように印刷できないことに気が付いても、間に合いません。複数の操作を記録していても、それまでに記録した内容が無駄になってしまいます。一度記録を終了したマクロを後から修正するのは簡単ではないので、必ず正しい操作を事前に確認した上で、マクロを記録するように注意しましょう。

レッスン
3

マクロを含んだブックを開くには

セキュリティの警告

マクロを含んだブックを開くと、[セキュリティの警告] が表示され、マクロが無効になります。そのままではマクロが実行できないので、マクロを有効にします。

1 マクロを有効にする

1 マクロを含むブックを開く

ここではレッスン2で保存した[マクロの記録_after.xlsm]を開く

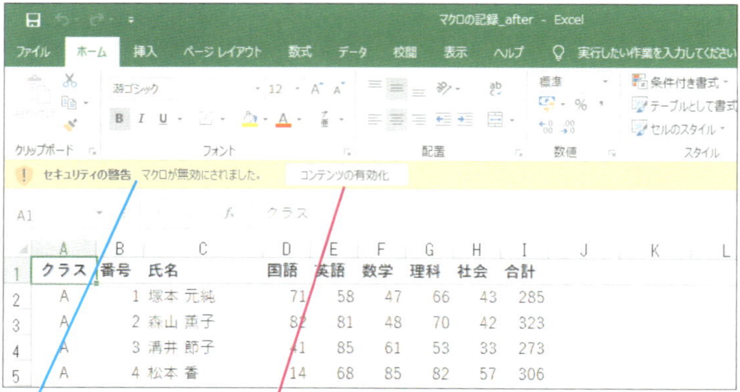

[セキュリティの警告]が表示された

2 [コンテンツの有効化]をクリック

Hint!

なぜ [セキュリティの警告] が表示されるの？

すべてのマクロが危険なものではありませんが、間違ってウイルスなどが含まれたマクロを実行してしまわないように [セキュリティの警告] が表示されます。Excelでは、特定のフォルダー以外に保存されたマクロを含んだブック以外はすべてマクロが無効に設定されます。

2 マクロが有効になったことを確認する

マクロが有効になった

1 [セキュリティの警告]が非表示になり、マクロが有効になったことを確認

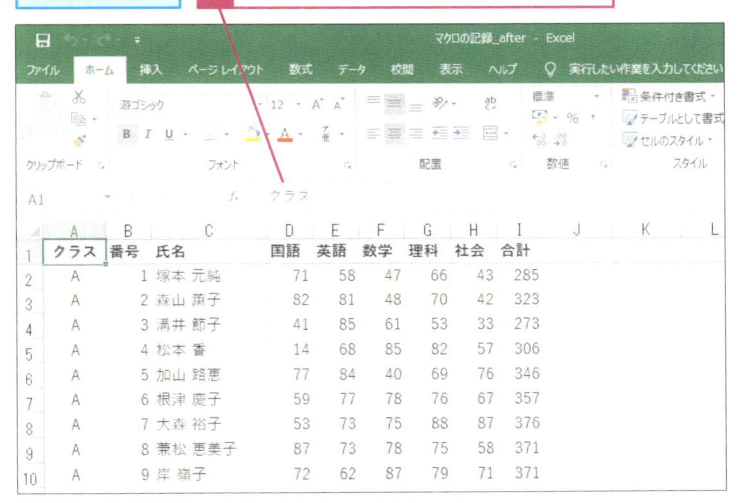

	A	B	C	D	E	F	G	H	I
1	クラス	番号	氏名	国語	英語	数学	理科	社会	合計
2	A	1	塚本 元純	71	58	47	66	43	285
3	A	2	森山 薫子	82	81	48	70	42	323
4	A	3	満井 節子	41	85	61	53	33	273
5	A	4	松本 香	14	68	85	82	57	306
6	A	5	加山 路恵	77	84	40	69	76	346
7	A	6	根津 慶子	59	77	78	76	67	357
8	A	7	大森 裕子	53	73	75	88	87	376
9	A	8	兼松 恵美子	87	73	78	75	58	371
10	A	9	岸 領子	72	62	87	79	71	371

Point マクロを有効にする作業はよく確認して行う

マクロはさまざまな操作を自動化できる大変便利な機能です。操作を記録して自動化するだけでなく、さまざまなコードを使ってプログラムを作ることもできます。マクロはExcelをより便利に使うために用意されている機能ですが、マクロの機能を利用して悪意のあるウイルスをパソコンに感染させるようなブックも世の中には存在します。このような一部の危険なマクロからパソコンを保護するために、マクロが含まれたブックを開くと自動的にマクロが無効にされるようにExcelが設定されています。自分で作ったマクロや信頼できるところから配布されたマクロであることを確認してからマクロを有効にしてください。

レッスン 4

記録したマクロを実行するには

マクロの実行

ここではレッスン2で記録したマクロを実際に実行してみましょう。マウスでボタンを1回クリックするだけで、成績表からクラスBの一覧表を印刷できます。

ショートカットキー Alt＋F8……［マクロ］ダイアログボックスの表示

1 ［マクロ］ダイアログボックスを表示する

レッスン2で保存したブックを開き、レッスン3を参考にマクロを有効にしておく

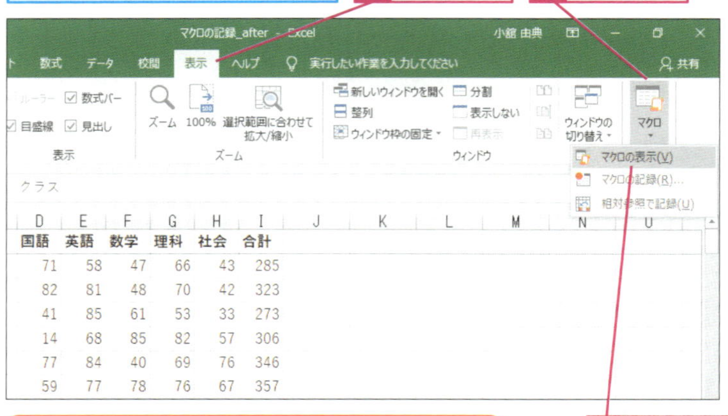

3 ［マクロの表示］をクリック

注意 Excelの多くの操作は［元に戻す］ボタン（↶）を使って前の状態に戻せます。しかし、マクロを実行した結果は元に戻せません。レッスン2で解説したように、マクロの記録が完了したら、マクロの実行前に必ずブックを保存しておきましょう

2 マクロを実行する

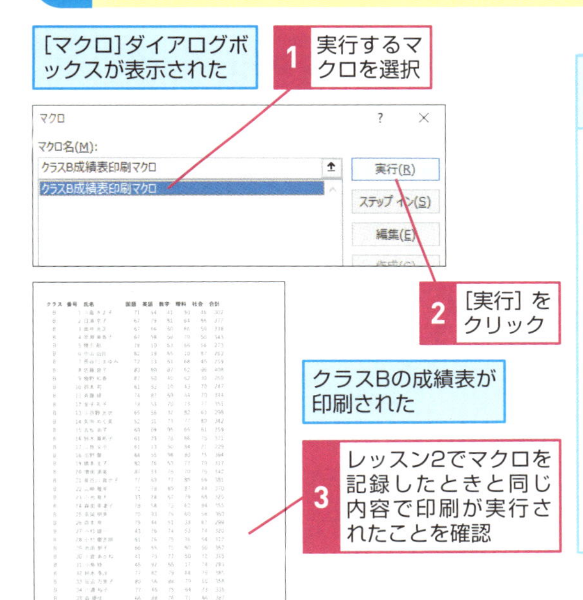

Hint!

記録したマクロ名が表示されないときは

手順2で［マクロ］ダイアログボックスを表示したときに、記録したマクロ名が表示されないときは、マクロが保存されていないブックを開いていることが考えられます。マクロが保存してあるブックを開き直してください。

Point マクロの実行で同じ操作を何度でも再現できる

ここではマクロを実行して、マクロの動作と実行結果を確認しました。マクロを記録したときと同じようにクラスBのデータが抽出され、一覧表が印刷されます。さらに実行後はマクロを実行する前の状態に戻っています。このように、操作をマクロに記録しておけば、誰が行っても同じ操作が再現できます。また、マクロ実行中の画面では、記録中に開いたメニューやダイアログボックスは表示されません。これはマクロで記録される内容がマウスやキーボードによる1つ1つの操作ではなく、データに変更が加えられた操作の結果だけを連続して記録しているからです。

ステップアップ！

拡張子でマクロを見分けよう

Excelでは、マクロを含んだブックを［マクロ有効ブック］というファイル形式で保存します。マクロを含んだブックは、以下のようにほかのファイル形式で保存したブックとアイコンの形が異なります。アイコンの形を参考にして、マクロが含まれているブックか、ほかのファイル形式のブックかを見分けるといいでしょう。併せてファイルの拡張子を表示する設定にしておけば、アイコンの表示を小さくしていてもファイル形式の違いが分かりやすくなります。ファイルの拡張子を表示するには、エクスプローラーの［表示］タブにある［ファイル名拡張子］にチェックマークを付けます。

●ファイル形式によるアイコンの違い

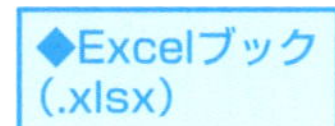

マクロの記録.xlsx

◆Excelマクロ有効ブック(.xlsm)

マクロの記録_after.xlsm

◆Excelブック(.xls)
Excel 2003/2002で保存されたブックは、マクロを含んでいても拡張子が変わらない

Lesson02.xls

［ファイル名拡張子］をクリックしてチェックマークを付けると、拡張子が表示される

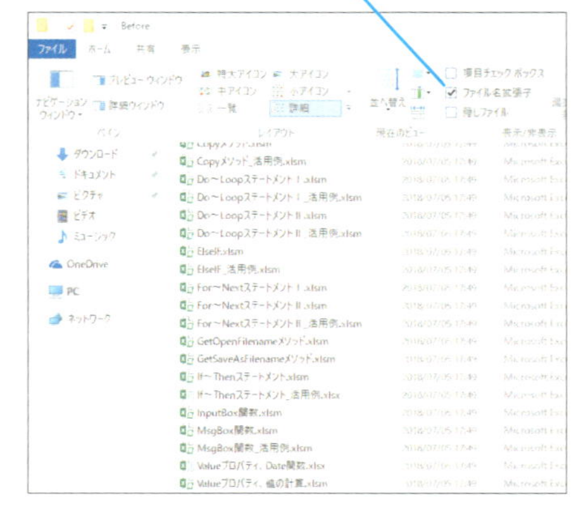

第2章

グラフの作成と印刷を自動化する

第1章では簡単なマクロの記録方法を確認しました。この章では、実用的な手順を考えて、少し複雑なマクロを記録してみます。また、複数のマクロを組み合わせる方法も紹介します。操作の数が多くても、手順通りに操作すれば心配はありません。データの抽出やグラフ化、グラフ印刷の操作をマクロに記録する方法もこの章で解説します。

レッスン 5

抽出したデータをグラフにして印刷するには

積み上げ縦棒グラフの印刷

ここでは、上期の月別契約件数を本社と支社ごとにまとめた表から本社のデータを抽出し、グラフ化して印刷します。グラフの挿入や印刷の操作もマクロに記録できます。

サンプル 積み上げ縦棒グラフの印刷.xlsx

ショートカットキー Alt ＋ F8 ……［マクロ］ダイアログボックスの表示

作成するマクロ

このマークが入っている手順は、マクロとして記録されます。
間違えないように操作してください

マクロの記録

1 [マクロの記録] ダイアログボックスを表示する

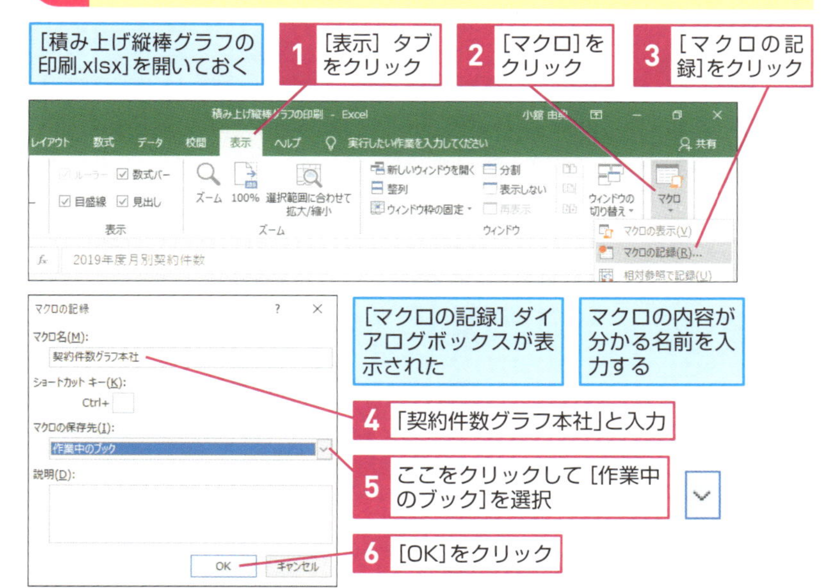

Hint!

[マクロの保存先] って何？

マクロで記録した操作手順は、Excelが実行できる形式に変換されてブックに保存されます。保存先は、特に指定しない限り [作業中のブック] になります。[マクロの記録] ダイアログボックスにある [マクロの保存先] で、保存先を [新しいブック] や [個人用マクロブック] に変更することもできます。[新しいブック] にすると新規のブックが開いて、そのブックにマクロが保存されます。[個人用マクロブック] は、Excelを起動するたびに自動的に読み込まれる特別なブックで、そこに記録したマクロはいつでも使用できます。

次のページに続く

2 オートフィルターで本社のデータを抽出する 

本社のデータを抽出できるようにオートフィルターを設定する

1 セルA4をクリックして選択

2 ［データ］タブをクリック

3 ［フィルター］をクリック

4 ［支社］列のフィルターボタンをクリック

5 ［(すべて選択)］をクリックしてチェックマークをはずす

6 ［本社］をクリックしてチェックマークを付ける

7 ［OK］をクリック

第2章 グラフの作成と印刷を自動化する

Hint!

マクロの記録では「おすすめグラフ」は使わない

Excel 2013で追加されたおすすめグラフは選択されたデータに最適なグラフをExcelが提案してくれる便利な機能ですが、マクロの記録では使わないようにしましょう。「おすすめグラフ」で作成されたグラフが目的のグラフと違うとき、グラフの削除や挿入をする操作もすべて記録されてしまいます。あらかじめどのようなグラフを作るのか十分に検討してからマクロを記録しましょう。

3 グラフを作成する 録

本社のデータが抽出された

ここでは、本社のデータを積み上げ縦棒グラフで表示する

1 [挿入] タブをクリック

2 [縦棒グラフの挿入]をクリック

3 [積み上げ縦棒]をクリック

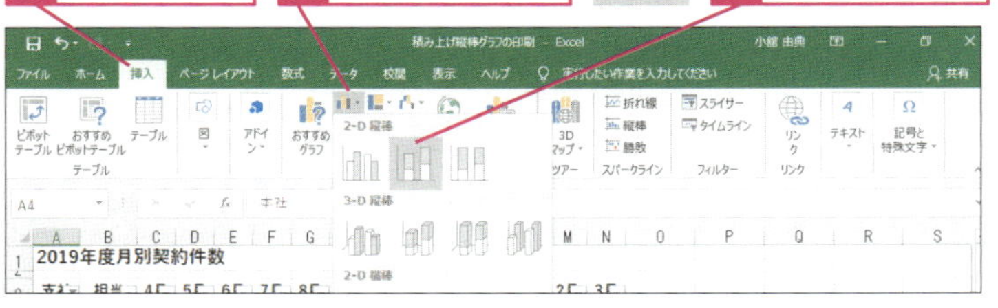

抽出した本社のデータで [積み上げ縦棒]のグラフを作成できた

グラフが選択されたままの状態にしておく

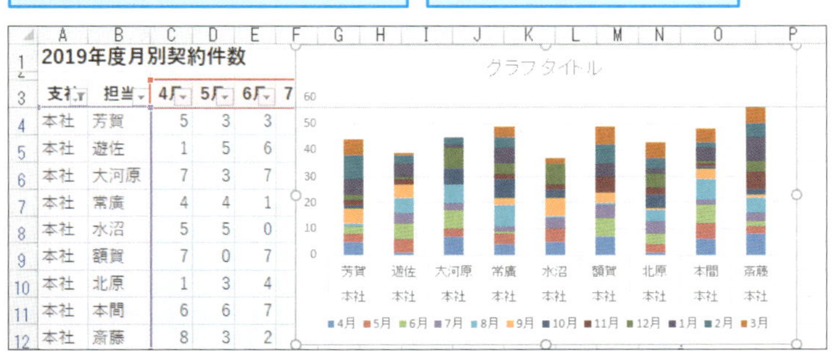

次のページに続く

4 作成したグラフを印刷する

1 [ファイル]タブをクリック

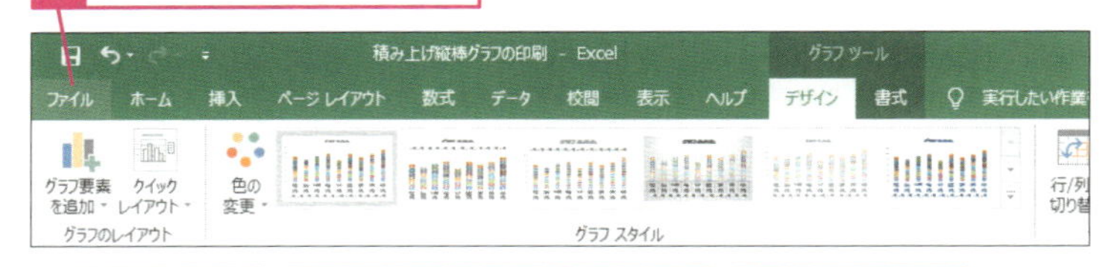

2 [印刷]をクリック

3 部数や印刷の向きなど、プリンターの設定を確認

4 [印刷]をクリック

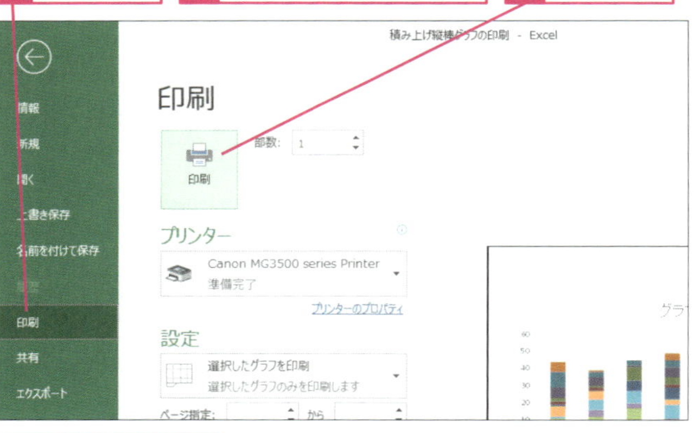

グラフが印刷される

Hint! グラフエリアって何？

Excelで作成したグラフには、グラフの図形や軸、グラフタイトル、凡例など、さまざまな要素があります。グラフを構成するすべての要素を選択できる領域を、グラフエリアといいます。

Hint! なぜグラフを削除するの？

マクロを実行した後は、マクロの目的に応じて、実行前の状態に戻しておくことも必要です。このレッスンでは、グラフを印刷するためのマクロを記録するので、印刷後に不要となったグラフを手順5で削除します。

5 作成したグラフを削除する

作成したグラフを保存せずに削除する

1 ［グラフエリア］をクリック

2 Delete キーを押す

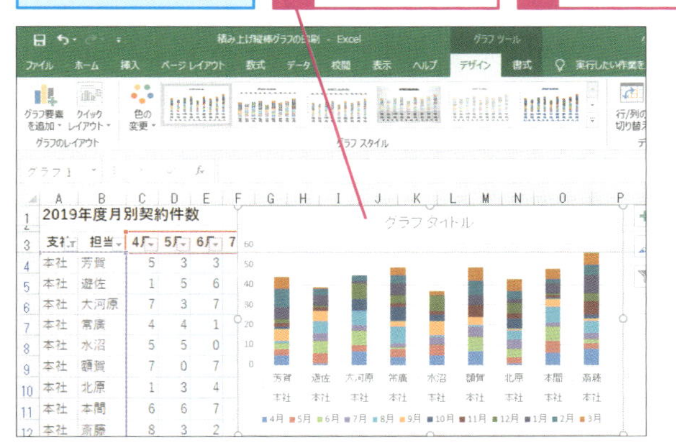

6 オートフィルターを解除する

作成したグラフが削除された

マクロの実行後にオートフィルターが解除された状態にする

1 ［データ］タブをクリック

2 ［フィルター］をクリック

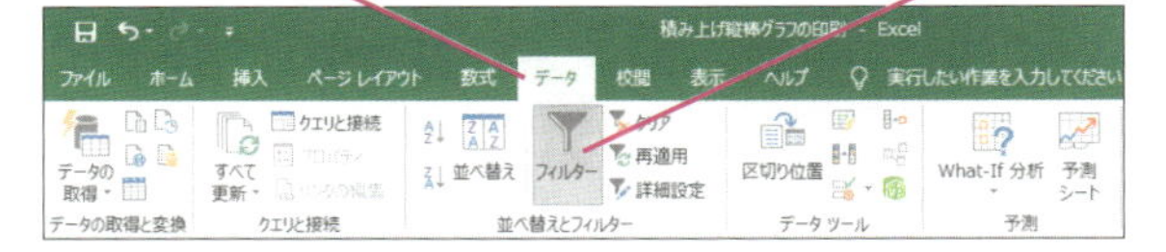

オートフィルターが解除された

3 ［表示］タブをクリック

4 ［マクロ］をクリック

5 ［記録終了］をクリック

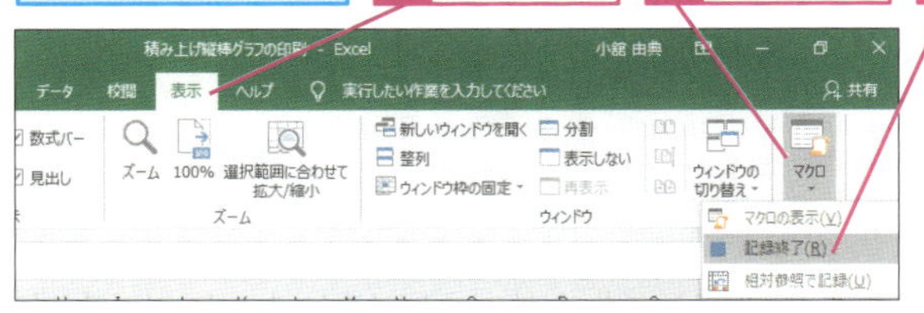

次のページに続く

マクロの確認

7 [マクロ] ダイアログボックスを表示する

手順2 ～手順6で記録した[契約件数グラフ本社]マクロを実行する

記録したマクロが正しく実行されるか確認する

1 [表示]タブをクリック

2 [マクロ]をクリック

3 [マクロの表示]をクリック

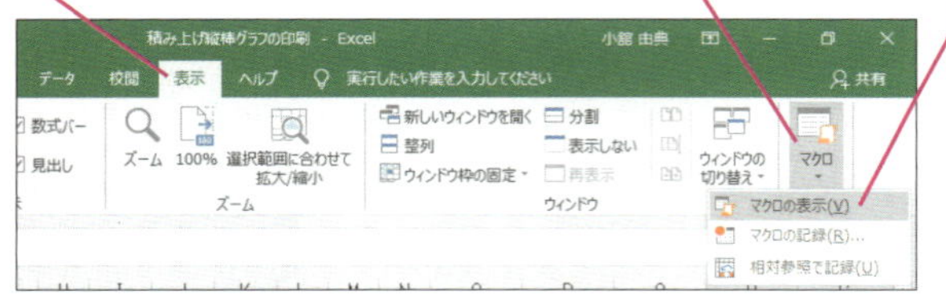

8 マクロを実行する

[マクロ]ダイアログボックスが表示された

[契約件数グラフ本社]マクロを実行する

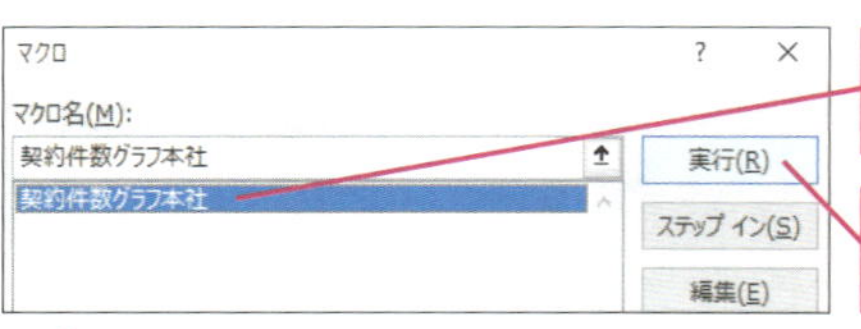

1 [契約件数グラフ本社]をクリック

2 [実行]をクリック

Hint!

マクロを削除するには

記録した操作が間違っていたときや必要でなくなったマクロは削除しておきましょう。

手順7を参考に[マクロ]ダイアログボックスを表示しておく

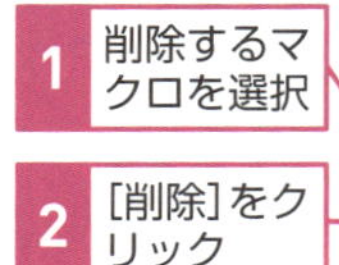

1 削除するマクロを選択

2 [削除]をクリック

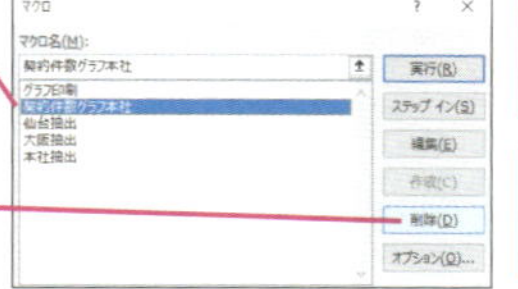

3 [はい]をクリック

マクロが削除される

9 マクロの実行結果を確認する

本社のデータが抽出され、グラフが印刷された

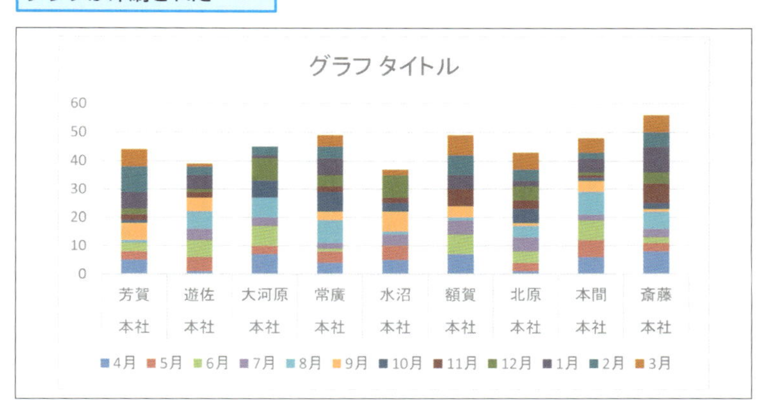

⚠間違った場合は?

マクロが正しく実行されなかった場合は、もう一度同じマクロ名で最初から記録をやり直します。

Point 複雑な操作もマクロで簡単になる

このレッスンで行っているように、オートフィルターでデータを抽出するだけでなく、そのデータからグラフを作成して、さらにそのグラフを印刷するというような一連の操作も、マクロに記録できます。このような複雑な操作をマクロに記録しておけば、マクロを実行するだけで一度にデータの抽出やグラフ化、グラフの印刷ができるので便利です。また、Excelに慣れていない人でもマクロを選択して実行するだけなので、簡単に操作を実行できます。なお、マクロを記録したら、必ず正しく実行されるか確認しておきましょう。特に、記録する操作が多いときは必ずマクロの動作結果を確認するようにします。

レッスン 6

マクロを組み合わせるにはⅠ

組み合わせるマクロの準備

前のレッスンで本社のグラフを印刷したので、今度は各支社のグラフを印刷するマクロを記録しましょう。複数の操作を効率よくマクロに記録する方法を紹介します。

サンプル 組み合わせるマクロの準備.xlsx

ショートカットキー Alt＋F8……［マクロ］ダイアログボックスの表示

作成するマクロ

Before

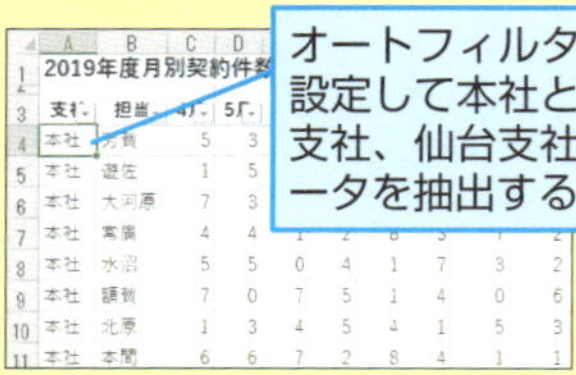

オートフィルターを設定して本社と大阪支社、仙台支社のデータを抽出する

After

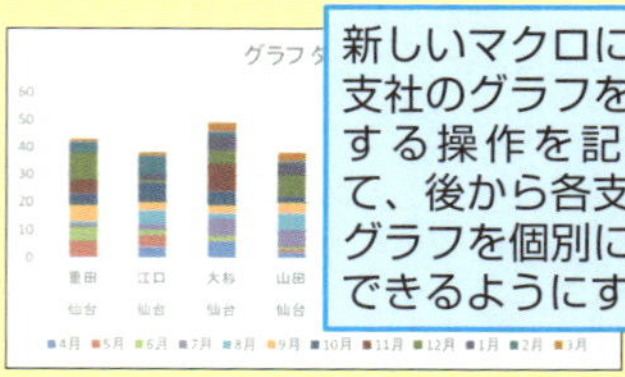

新しいマクロに仙台支社のグラフを印刷する操作を記録して、後から各支社のグラフを個別に印刷できるようにする

本社のデータを抽出する（手順2～4）

↓

大阪支社のデータを抽出する（手順6）

↓

仙台支社のデータを抽出する（手順7）

↓

抽出データをグラフにして印刷する（手順8）

↓

グラフを削除してオートフィルターを解除する（手順11）

このマークが入っている手順は、マクロとして記録されます。間違えないように操作してください

本社のデータの抽出

1 マクロの記録を開始する

［組み合わせるマクロの準備.xlsx］を開いておく

レッスン2を参考に［マクロの記録］ダイアログボックスを表示しておく

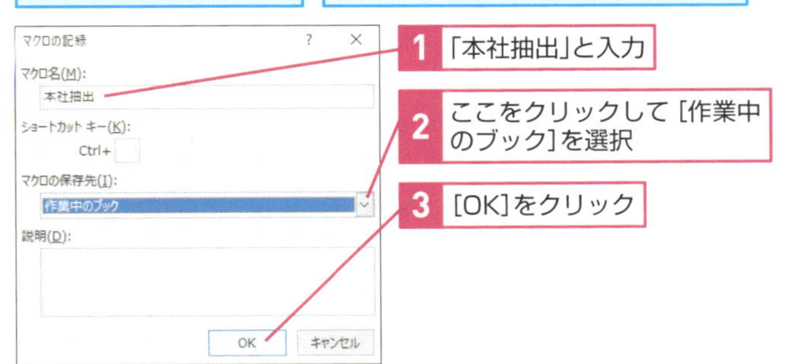

2 オートフィルターを設定する

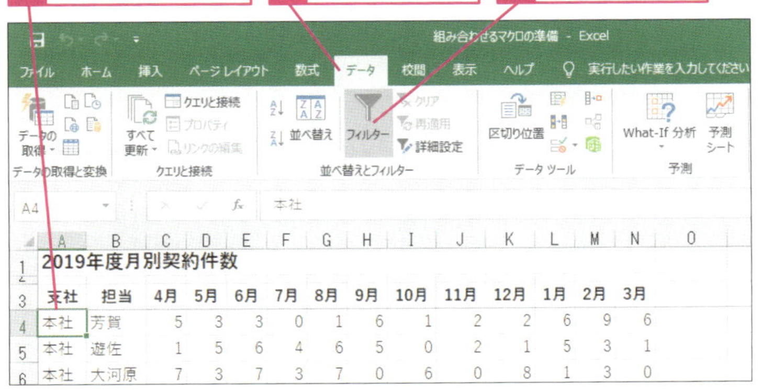

支社	担当	4月	5月	6月	7月	8月	9月	10月	11月	12月	1月	2月	3月
本社	芳賀	5	3	3	0	1	6	1	2	2	6	9	6
本社	遊佐	1	5	6	4	6	5	0	2	1	5	3	1
本社	大河原	7	3	7	3	7	0	6	0	8	1	3	0

次のページに続く

3 本社のデータを抽出する 

本社のデータを抽出できるように
オートフィルターを設定する

1 [支社] 列のフィルターボタンをクリック

2 [(すべて選択)] をクリックしてチェックマークをはずす

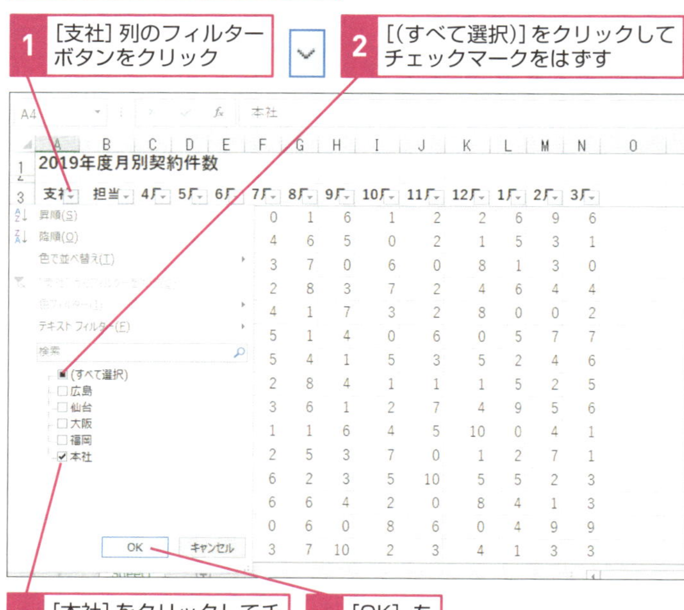

7月	8月	9月	10月	11月	12月	1月	2月	3月
0	1	6	1	2	2	6	9	6
4	6	5	0	2	1	5	3	1
3	7	0	6	0	8	1	3	0
2	8	3	7	2	4	6	4	4
4	1	7	3	2	8	0	0	2
5	1	4	0	6	0	5	7	7
5	4	1	5	3	5	2	4	6
2	8	4	1	1	1	5	2	5
3	6	1	2	7	4	9	5	6
1	1	6	4	5	10	0	4	1
2	5	3	7	0	1	2	7	1
6	2	3	5	10	5	5	2	3
6	6	4	2	0	8	4	1	3
0	6	0	8	6	0	4	9	9
3	7	10	2	3	4	1	3	3

3 [本社] をクリックしてチェックマークを付ける

4 [OK] をクリック

4 マクロの記録を終了する 

本社のデータが抽出された

1 [表示] タブをクリック

2 [マクロ] をクリック

3 [記録終了] をクリック

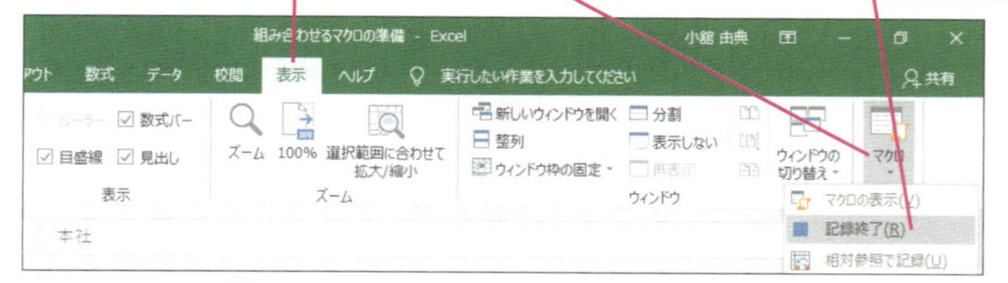

マクロの記録が終了する

5 オートフィルターを解除する

引き続き大阪支社のデータを抽出するため、オートフィルターを一度解除する

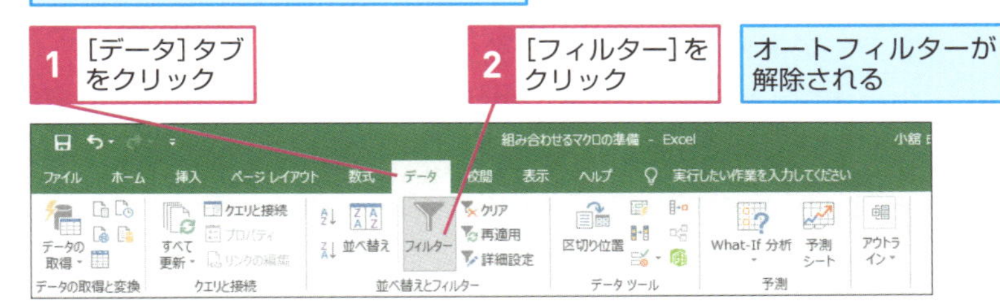

大阪支社のデータの抽出

6 大阪支社のデータを抽出するマクロを記録する 録

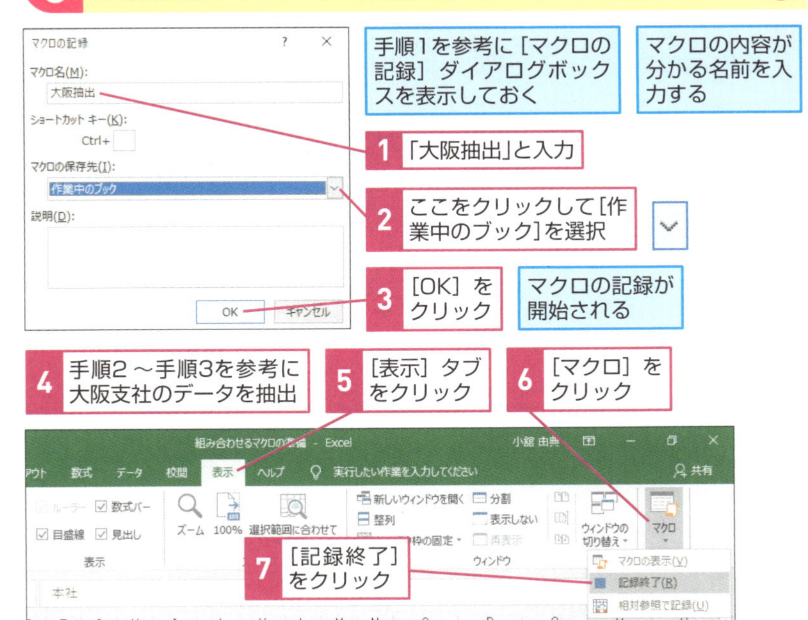

[大阪抽出]マクロが記録される

8 手順5を参考にオートフィルターを解除

次のページに続く

仙台支社のデータの抽出

7 仙台支社のデータを抽出するマクロを記録する 

手順1を参考に[マクロの記録]ダイアログボックスを表示しておく

マクロの内容が分かる名前を入力する

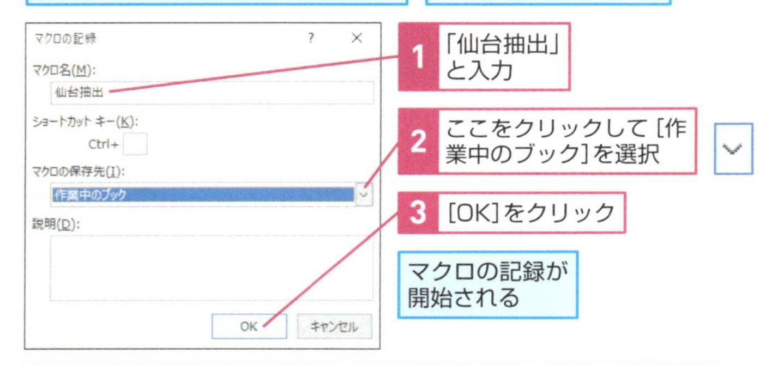

1 「仙台抽出」と入力

2 ここをクリックして[作業中のブック]を選択

3 [OK]をクリック

マクロの記録が開始される

4 手順2～手順3を参考に仙台支社のデータを抽出

5 [表示]タブをクリック

6 [マクロ]をクリック

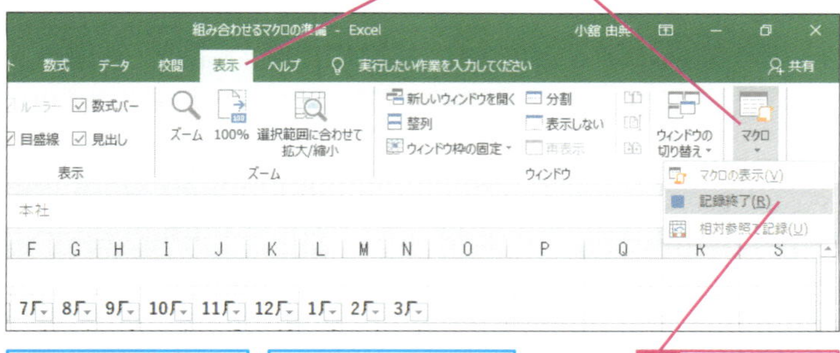

[仙台抽出]マクロが記録された

オートフィルターは解除しない

7 [記録終了]をクリック

Hint!

同じマクロ名で記録しない

手順2や手順7、手順10で、記録するマクロに名前を付けますが、そのブックにすでに記録してあるマクロと同じ名前にすると、すでに記録したマクロが上書きされてしまいます。マクロに名前を付けるときには、同じブック内にあるマクロと同じ名前にならないように気を付けましょう。

グラフの印刷

8 グラフを作成する

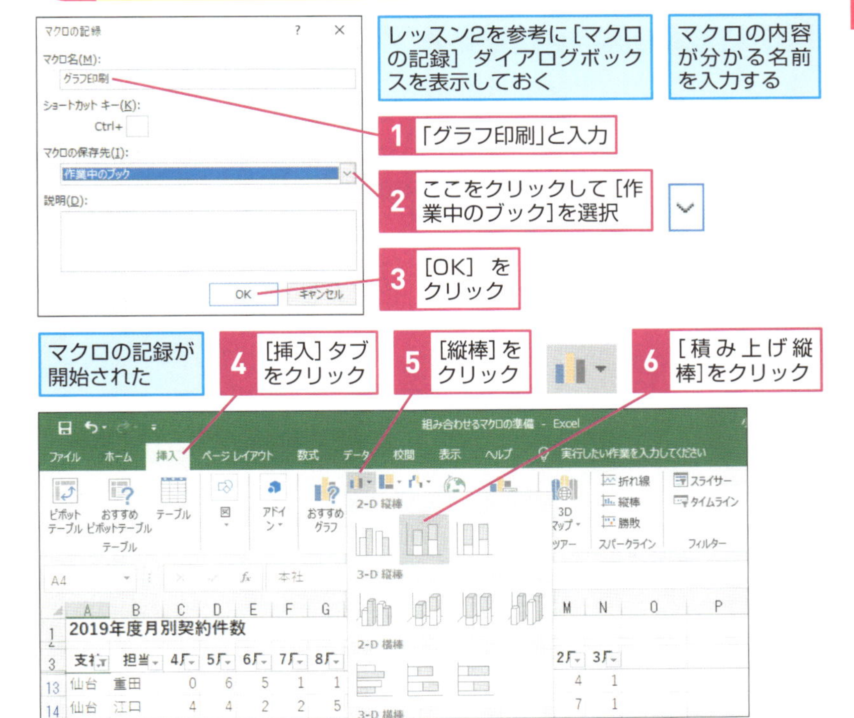

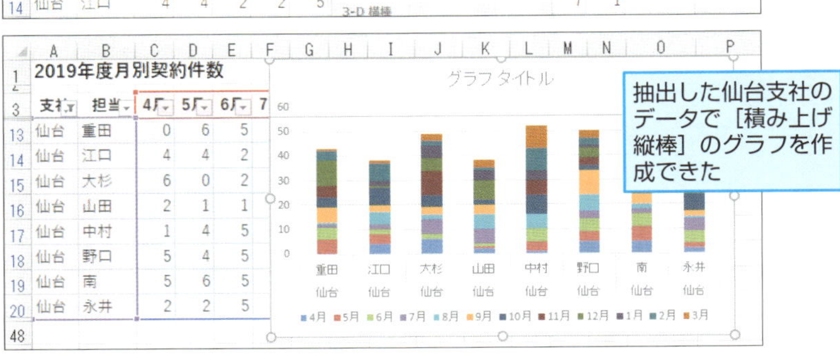

次のページに続く

9 作成したグラフを印刷する

1 [ファイル]タブをクリック

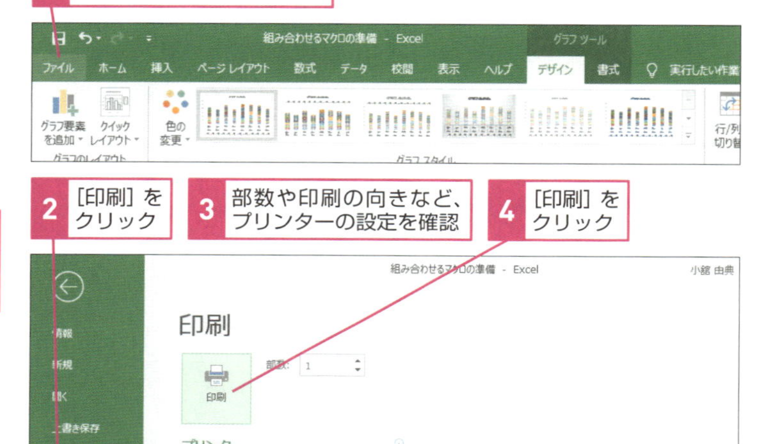

2 [印刷] をクリック

3 部数や印刷の向きなど、プリンターの設定を確認

4 [印刷] をクリック

グラフが印刷される

10 作成したグラフを削除してオートフィルターを解除する

作成したグラフを保存せずに削除する

1 [グラフエリア]をクリック

2 Delete キーを押す

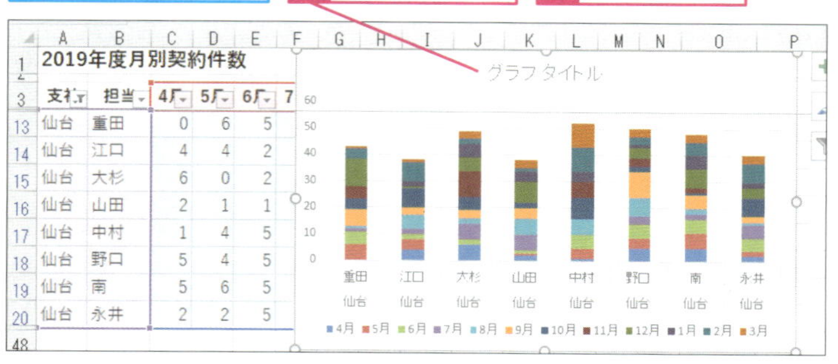

作成したグラフが削除される

3 手順5を参考にオートフィルターを解除

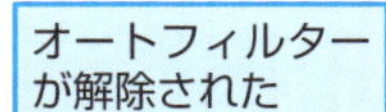

マクロの記録を終了する

オートフィルターが解除された

1 ［表示］タブをクリック

2 ［マクロ］をクリック

3 ［記録終了］をクリック

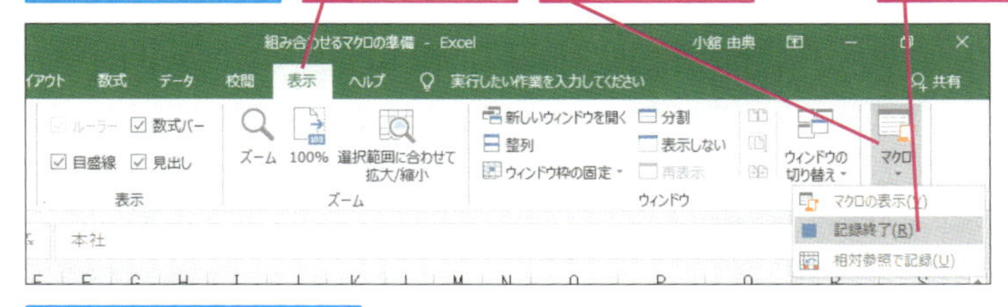

マクロの記録が終了する

Hint!

マクロの記録と終了を素早く行うには

マクロの記録を行うとステータスバーに［マクロの記録］ボタン（ ）が表示されますが、Excelを終了すると非表示になります。ステータスバーを右クリックして［マクロの記録］ボタンを常に表示しておくと、マクロの記録と終了を素早く行えるので便利です。ステータスバーの［マクロの記録］ボタンをクリックすると、［マクロの記録］ダイアログボックスが表示されて記録が開始され、ステータスバーのボタンが［記録終了］ボタン（ ）に変わります。

Point 作業全体を小さなマクロに分けて記録する

Excelのマクロでは、複数のマクロを組み合わせて新しい別のマクロを記録できます。複雑で手順の長い操作をマクロに記録するとき、すべての手順を一度に記録するのは大変です。途中で手順を間違えてしまったときにやり直すのは面倒な上、手順の一部を記録し直すこともできません。そんなときはこのレッスンで行ったように、小さなマクロに分けて記録します。複雑で長い操作も小さなマクロに分けて記録すれば、操作を間違った個所だけやり直して、記録し直すことも簡単です。

レッスン 7

マクロを組み合わせるにはⅡ

マクロ実行の自動記録

前のレッスンでマクロを組み合わせる準備が整いました。ここでは複数のマクロを組み合わせて1つのマクロにします。記録途中でマクロを指定するだけなので簡単です。

サンプル　マクロ実行の自動記録.xlsm

ショートカットキー　Alt＋F8……［マクロ］ダイアログボックスの表示

作成するマクロ

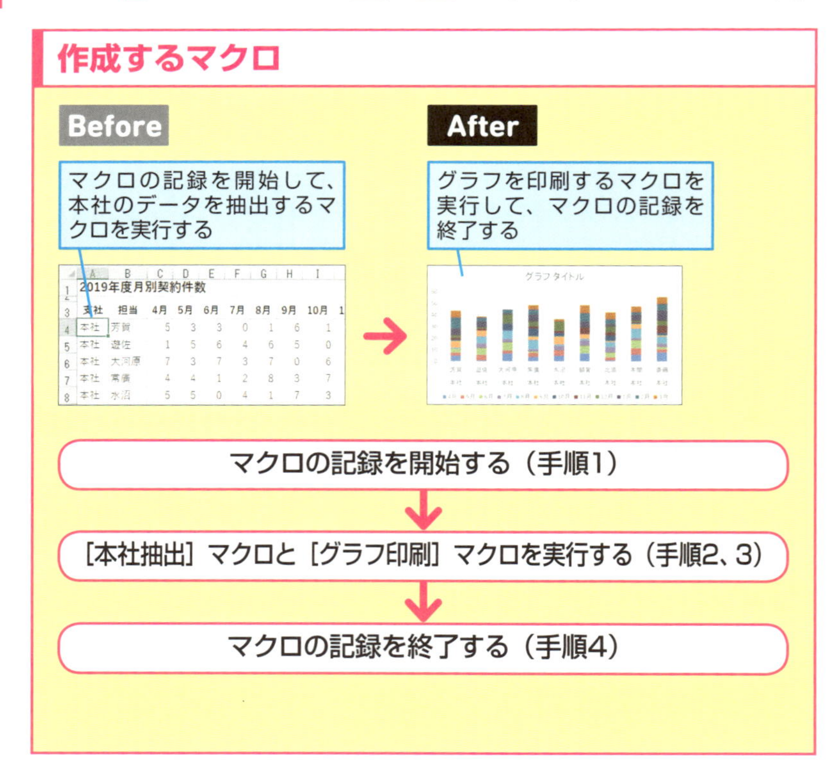

このマークが入っている手順は、マクロとして記録されます。
間違えないように操作してください

1 マクロの記録を開始する

［マクロ実行の自動記録.xlsm］を開いておく

レッスン2を参考に［マクロの記録］ダイアログボックスを表示しておく

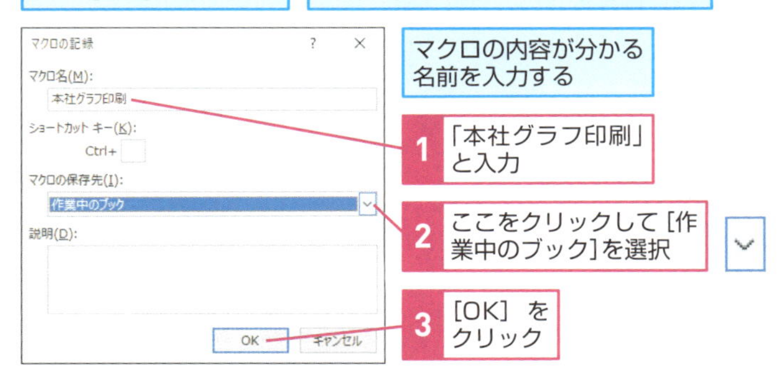

マクロの内容が分かる名前を入力する

1 「本社グラフ印刷」と入力

2 ここをクリックして［作業中のブック］を選択

3 ［OK］をクリック

2 1つ目のマクロを実行する 録

レッスン4を参考に［マクロ］ダイアログボックスを表示しておく

［本社抽出］マクロを実行して、本社のデータを抽出する

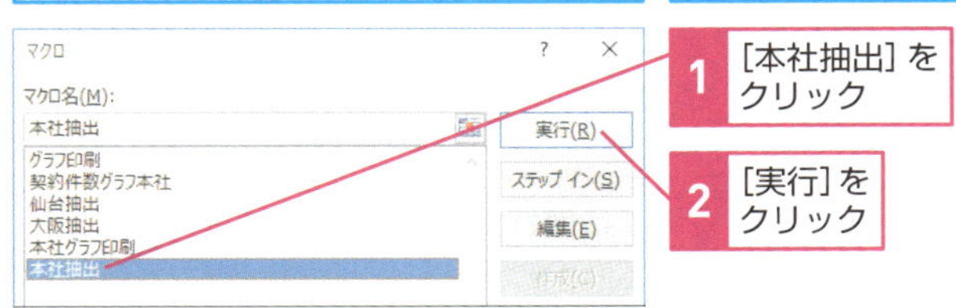

1 ［本社抽出］をクリック

2 ［実行］をクリック

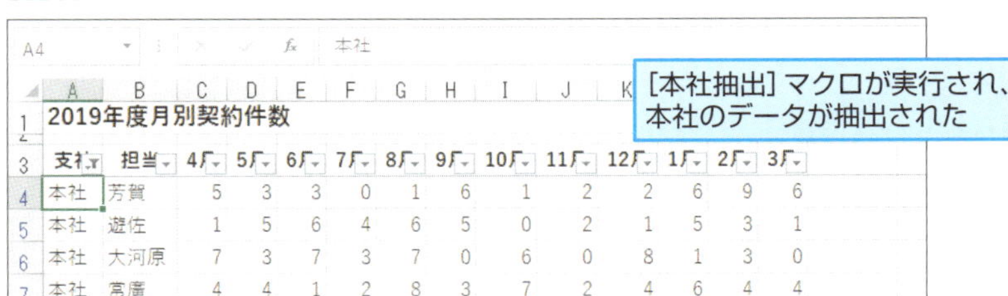

［本社抽出］マクロが実行され、本社のデータが抽出された

次のページに続く

3 2つ目のマクロを実行する

続けてほかのマクロを実行する

レッスン4を参考に[マクロ]ダイアログボックスを表示しておく

[グラフ印刷]マクロを実行する

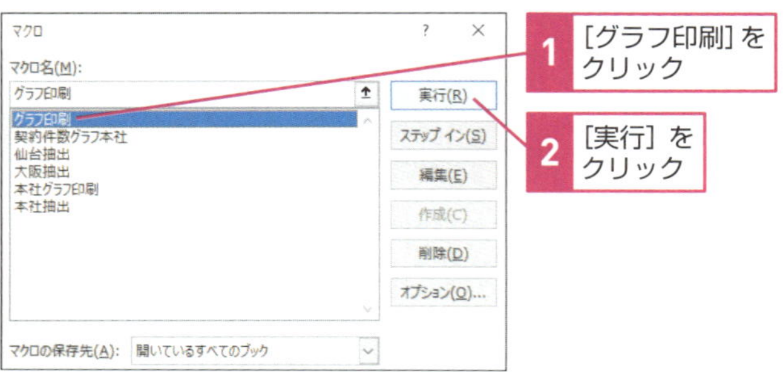

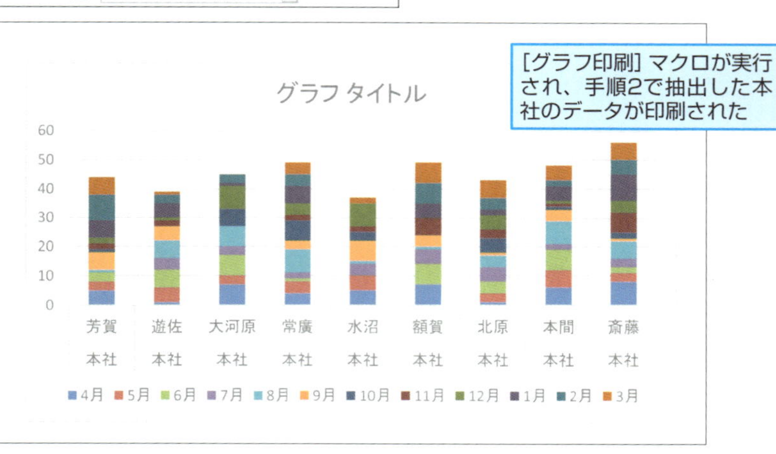

[グラフ印刷]マクロが実行され、手順2で抽出した本社のデータが印刷された

Hint!

基になるマクロ名がマクロに記録される

記録中に別のマクロを実行したときは、実行したマクロの名前がファイル名と併記して記録されます。そのため、マクロ記録後に基になるマクロを削除したり、ファイル名やマクロ名を変更してしまったりすると、マクロの実行時にそのマクロが見つからずにエラーになってしまいます。もし基になるマクロを削除してしまったときは、同じ名前で同じ内容のマクロをもう一度、記録し直してください。

4 マクロの記録を終了する 

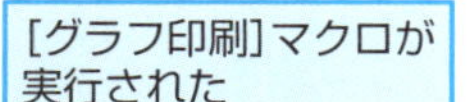

2 [記録終了]を クリック

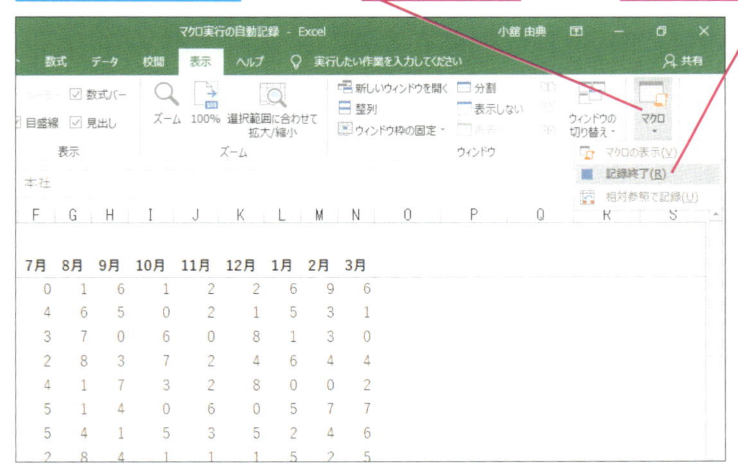

マクロの記録が終了する

レッスン5を参考に、[本社グラフ印刷] のマクロを実行すると本社のデータを抽出したグラフを印刷できる

Point 単純な機能に分割したマクロを組み合わせる

このレッスンでは、レッスン6で作成したデータ抽出用のマクロとグラフ印刷用のマクロを組み合わせて、1つのマクロにする方法を紹介しました。マクロを組み合わせるといっても、マクロの記録中に［マクロ］ダイアログボックスを表示してマクロを選択し、実行するだけです。なお、組み合わせる1つ1つのマクロは必ず事前に用意しておき、組み合わせる順番もしっかり確認しておきましょう。また、マクロの実行時にエラーが発生してしまうため、組み合わせたブックやマクロの名前を変更したり削除したりしないようにしてください。

ステップアップ！

マクロの説明を入力しておくと便利

マクロの使い方など、マクロに関する情報は、レッスン5の手順1の［マクロの記録］ダイアログボックスの［説明］の欄に操作内容を入力しておくといいでしょう。入力した説明は、マクロを実行するときに表示する［マクロ］ダイアログボックスで確認できるので便利です。

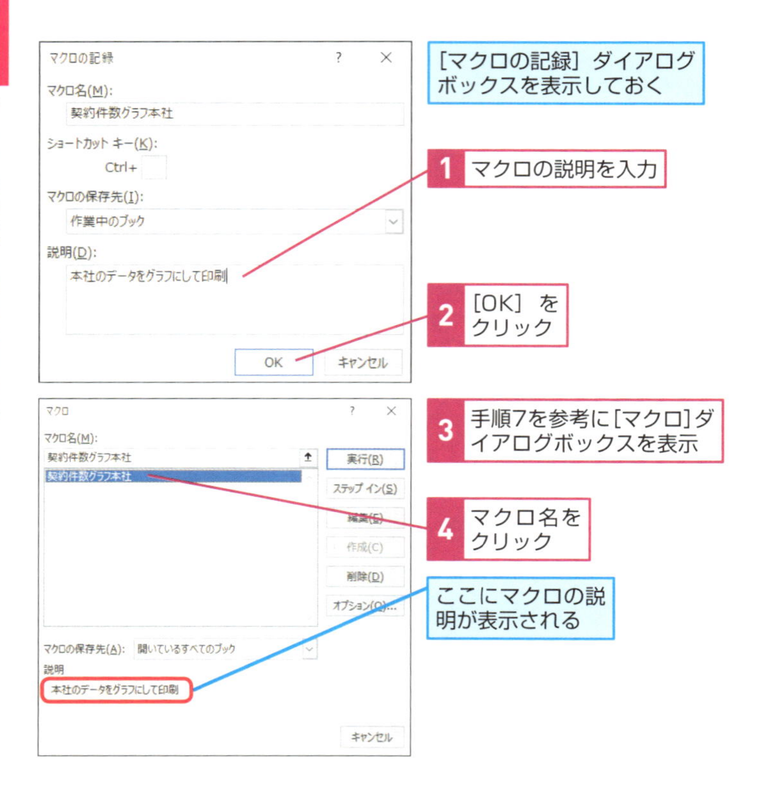

第3章

相対参照を使ったマクロを記録する

この章では、「相対参照」と「絶対参照」というセルの参照方法の違いと、それぞれをマクロで記録したときの違いについて解説します。相対参照でマクロを記録すると、行や列方向に同じ処理を繰り返し実行するマクロを、簡単に作れます。

レッスン
8 相対参照とは

相対参照と絶対参照

このレッスンでは相対参照と絶対参照についてのおさらいと、マクロの記録中にセルを参照するときの相対参照と絶対参照の違いについて解説します。

相対参照と絶対参照の違い

図のように回覧版は順に隣に届けるので、受け取った人は自分の部屋を基点に隣の部屋に届けますが、「最後は203号室へ」と決めてあれば、どこからでも最後は「203号室」に届きます。このように、基点から相対的な位置を示す参照が相対参照で、基点に関係なく特定の位置を示す参照が絶対参照です。マクロのセル参照も、右隣のセルを選択する相対参照と、決まったセルを選択する絶対参照があります。

●相対参照の例

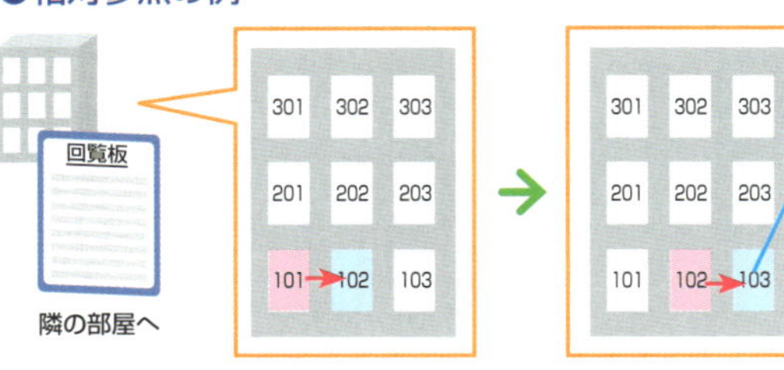

●絶対参照の例

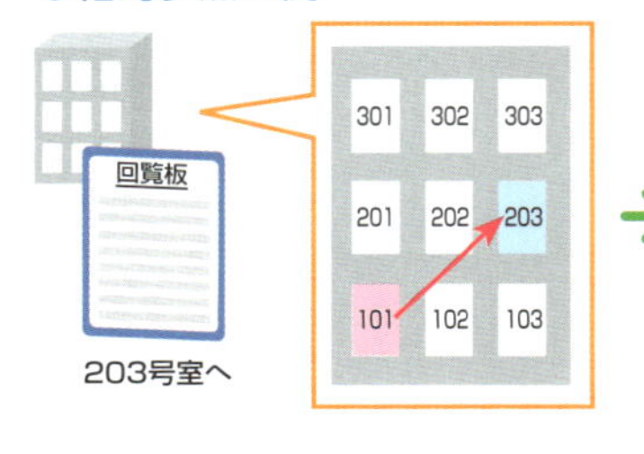

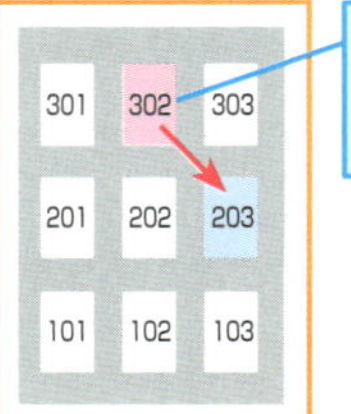

マクロに記録される内容の違い

マクロの記録中に行う操作は、相対参照と絶対参照で違いはありませんが、記録される内容が異なります。相対参照では「選択中のセルから何行何列離れたセルを対象とした操作」として記録されるのに対し、絶対参照では「指定したセルを対象とした操作」として記録されます。
例えば、「セルA1を選択しておき、セルC1の背景色を黄色に変更する操作」を相対参照で記録します。セルA3を選択しておき、記録したマクロを実行すると、セルC3の背景色が黄色に変更されますが、絶対参照では、どのセルを選択した状態からマクロを実行しても、セルC1の背景色が黄色に変更されます。

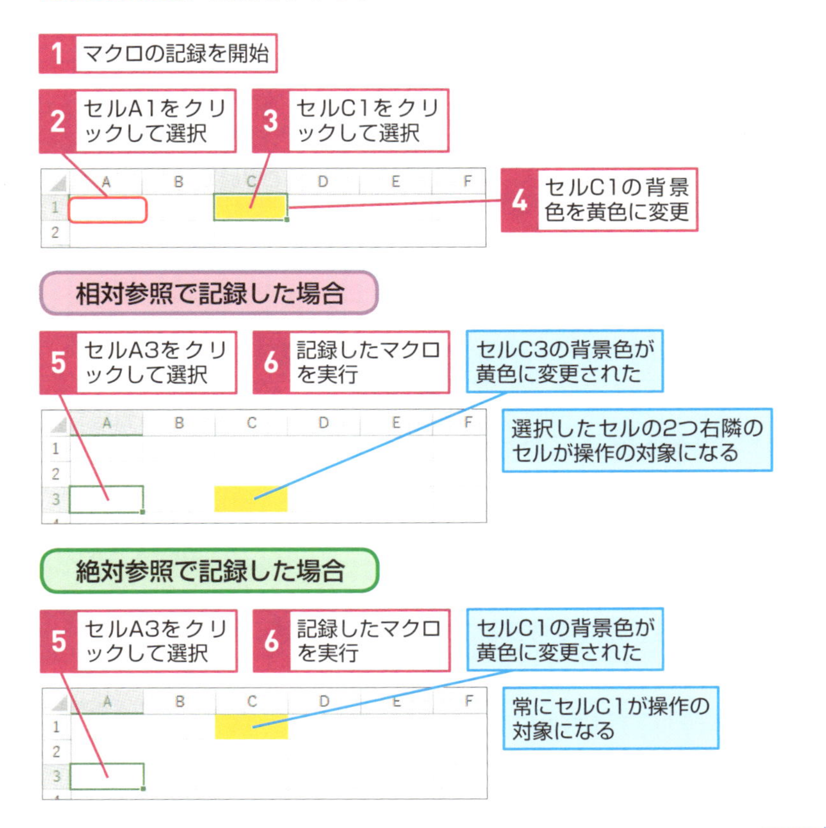

レッスン 9

四半期ごとに合計した行を挿入するには

相対参照で記録

絶対参照との違いを理解するために、相対参照を使ったマクロを記録してみましょう。ここでは、行を挿入して四半期ごとの売り上げを集計する操作を記録します。

サンプル 相対参照で記録.xlsx

ショートカットキー Alt ＋ F8 ……[マクロ] ダイアログボックスの表示

作成するマクロ

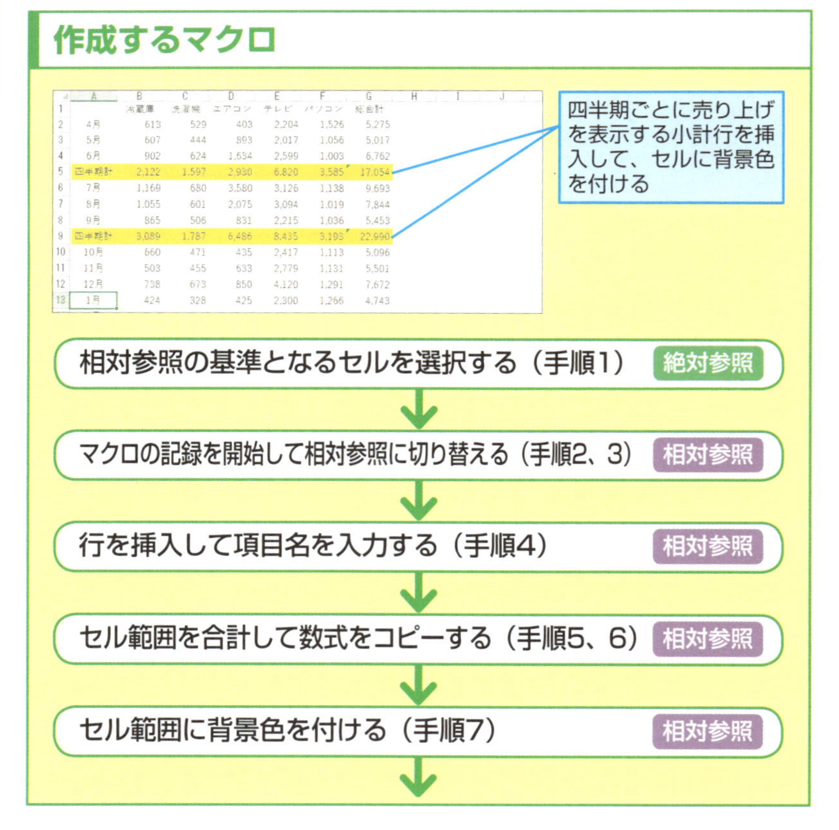

	A	B	C	D	E	F	G
1		冷蔵庫	洗濯機	エアコン	テレビ	パソコン	総合計
2	4月	613	529	403	2,204	1,526	5,275
3	5月	607	444	893	2,017	1,056	5,017
4	6月	902	624	1,634	2,599	1,003	6,762
5	四半期計	2,122	1,597	2,930	6,820	3,585	17,054
6	7月	1,169	680	3,580	3,126	1,138	9,693
7	8月	1,055	601	2,075	3,094	1,019	7,844
8	9月	865	506	831	2,215	1,036	5,453
9	四半期計	3,089	1,787	6,486	8,435	3,193	22,990
10	10月	660	471	435	2,417	1,113	5,096
11	11月	503	455	633	2,779	1,131	5,501
12	12月	738	673	850	4,120	1,291	7,672
13	1月	424	328	425	2,300	1,266	4,743

次に行を挿入する行のセルを選択する（手順8） 相対参照

絶対参照に切り替えてマクロの記録を終了する（手順9、10） 絶対参照

このマークが入っている手順は、マクロとして記録されます。間違えないように操作してください

マクロの記録

1 セルを選択する

[相対参照で記録.xlsx]を開いておく

マクロを記録する前に、相対参照の基準となるセルを選択する

	A	B	C	D	E	F	G	H	I
1		冷蔵庫	洗濯機	エアコン	テレビ	パソコン	総合計		
2	4月	613	529	403	2,204	1,526	5,275		
3	5月	607	444	893	2,017	1,056	5,017		
4	6月	902	624	1,634	2,599	1,003	6,762		
5	7月	1,169	680	3,580	3,126	1,138	9,693		
6	8月	1,055	601	2,075	3,094	1,019	7,844		
7	9月	865	506	831	2,215	1,036	5,453		
8	10月	660	471	435	2,417	1,113	5,096		

ここでは、5行目の行を挿入して四半期ごとの売上合計を求める

1 セルA5をクリックして選択

Hint!

相対参照では記録前に選択したセルが基準になる

相対参照でマクロを記録するとき、記録の開始時に選択していたセルが、相対参照の基準となるセルになります。手順1で、セルA5を選択しているのは、そのためです。マクロを相対参照で記録するときは、これから行う作業に適したセルを選択してから記録を始めるようにしましょう。

次のページに続く

2 マクロの記録を開始する

レッスン2を参考に［マクロの記録］ダイアログボックスを表示しておく

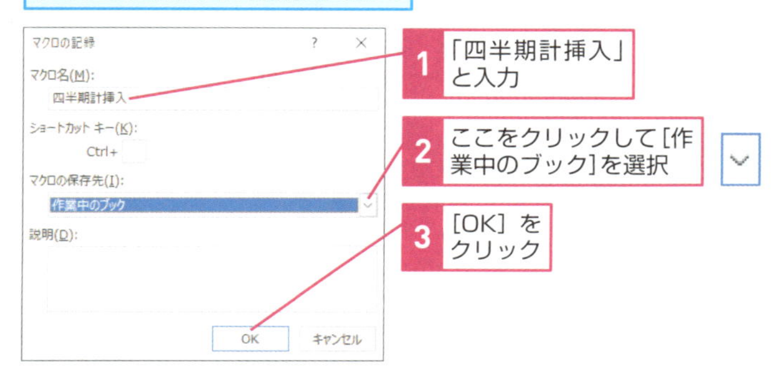

1 「四半期計挿入」と入力

2 ここをクリックして［作業中のブック］を選択

3 ［OK］をクリック

3 相対参照に切り替える 録

マクロの記録内容を相対参照に切り替える

ここからの記録内容は相対参照で記録していく

1 ［表示］タブをクリック

2 ［マクロ］をクリック

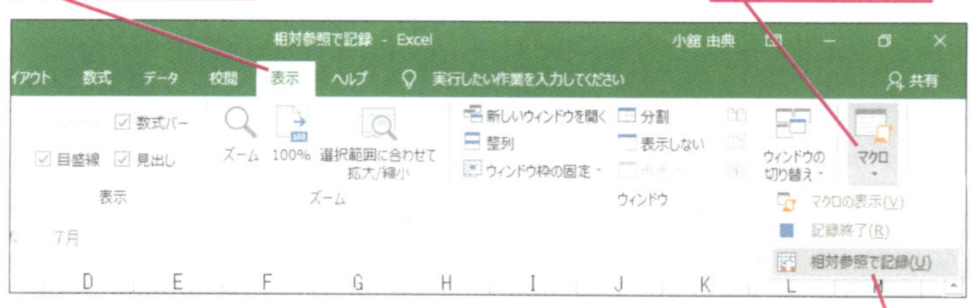

3 ［相対参照で記録］をクリック

⚠間違った場合は?

手順3で［相対参照で記録］がすでにクリックされていた場合は、そのまま記録を続けます。マクロの記録を終了したら［相対参照で記録］をクリックして絶対参照に戻しておきましょう。

第3章 相対参照を使ったマクロを記録する

Hint!

セル範囲の選択はやり直せる

手順4で選択する行を間違えても、行の挿入や背景色の変更などといったセルの操作を行う前であれば、選択の操作をやり直せます。マクロの記録でセルの選択が記録されるのは、セルを選択する操作に続けてほかの操作を行ったときです。例えば、マクロの記録中にセルA1、セルA2、セルA3を順番に選択して、セルを挿入した場合、マクロに記録される内容は最後の「セルA3の選択」だけです。相対参照でも絶対参照でも同じようにセルやセル範囲の選択をやり直せます。

4 行を選択して項目名を入力する 

相対参照に切り替えられた

相対参照に切り替わっても画面の表示は特に変わらない

1 行番号5をクリック

	A	B	C	D	E	F	G	H
1		冷蔵庫	洗濯機	エアコン	テレビ	パソコン	総合計	
2	4月	613	529	403	2,204	1,526	5,275	
3	5月	607	444	893	2,017	1,056	5,017	
4	6月	902	624	1,634	2,599	1,003	6,762	
5	7月	1,169	680	3,580	3,126	1,138	9,693	
6	8月	1,055	601	2,075	3,094	1,019	7,844	

5行目に行を挿入する

2 ［ホーム］タブをクリック

3 ［挿入］をクリック

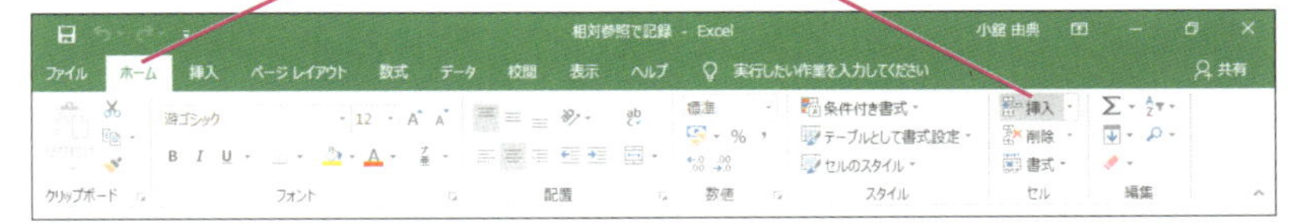

5行目に行が挿入された

挿入された行に項目名を入力する

4 セルA5をクリックして選択

5 「四半期計」と入力

	A	B	C	D	E	F
1		冷蔵庫	洗濯機	エアコン	テレビ	パソコン
2	4月	613	529	403	2,204	1,526
3	5月	607	444	893	2,017	1,056
4	6月	902	624	1,634	2,599	1,003
5	四半期計					
6	7月	1,169	680	3,580	3,126	1,138
7	8月	1,055	601	2,075	3,094	1,019
8	9月	865	506	831	2,215	1,036

次のページに続く

5 4月～6月の売り上げを合計する

セルB2～B4の売り上げを合計する

1 セルB5をクリックして選択

	A	B	C	D	E	F	G	H	I
1		冷蔵庫	洗濯機	エアコン	テレビ	パソコン	総合計		
2	4月	613	529	403	2,204	1,526	5,275		
3	5月	607	444	893	2,017	1,056	5,017		
4	6月	902	624	1,634	2,599	1,003	6,762		
5	四半期計								
6	7月	1,169	680	3,580	3,126	1,138	9,693		
7	8月	1,055	601	2,075	3,094	1,019	7,844		
8	9月	865	506	831	2,215	1,036	5,453		
9	10月	660	471	435	2,417	1,113	5,096		

2 [合計]をクリック

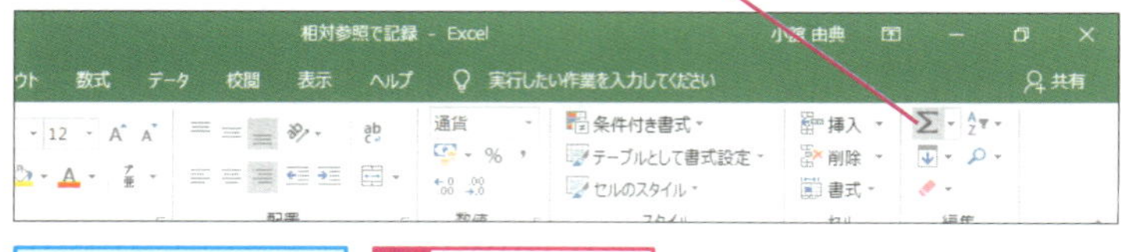

「=SUM(B2:B4)」と自動的に入力された

3 Enter キーを押す

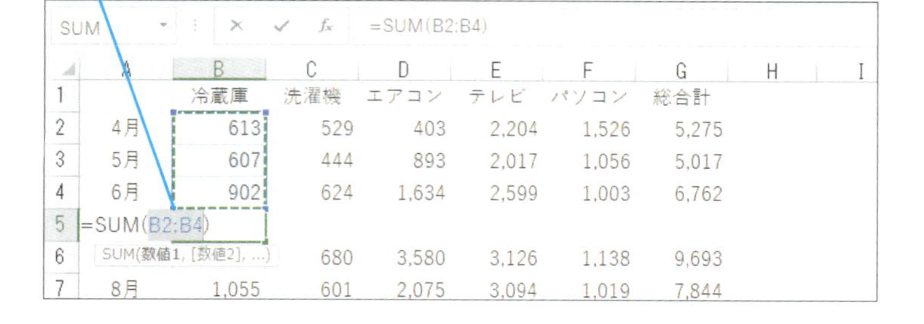

	A	B	C	D	E	F	G	H	I
1		冷蔵庫	洗濯機	エアコン	テレビ	パソコン	総合計		
2	4月	613	529	403	2,204	1,526	5,275		
3	5月	607	444	893	2,017	1,056	5,017		
4	6月	902	624	1,634	2,599	1,003	6,762		
5	=SUM(B2:B4)								
6	SUM(数値1, [数値2], ...)		680	3,580	3,126	1,138	9,693		
7	8月	1,055	601	2,075	3,094	1,019	7,844		

⚠間違った場合は？

マクロの記録中に操作を間違えてしまったときは、マクロの記録を終了し、36ページのHINT!を参考にマクロを削除してから、もう一度記録し直しましょう。

6 入力した数式をコピーする 

セルB2 ～ B4の合計が求められた

セルC5 ～ G5に数式をコピーする

1 セルB5をクリックして選択

2 セルB5のフィルハンドルにマウスポインターを合わせる

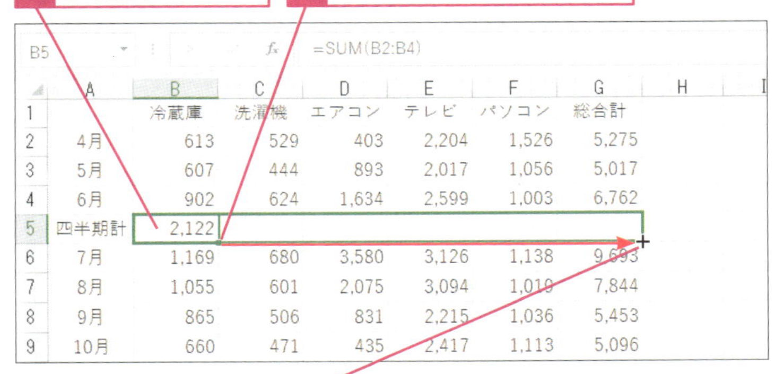

B5 =SUM(B2:B4)

	A	B	C	D	E	F	G
1		冷蔵庫	洗濯機	エアコン	テレビ	パソコン	総合計
2	4月	613	529	403	2,204	1,526	5,275
3	5月	607	444	893	2,017	1,056	5,017
4	6月	902	624	1,634	2,599	1,003	6,762
5	四半期計	2,122					
6	7月	1,169	680	3,580	3,126	1,138	9,693
7	8月	1,055	601	2,075	3,094	1,019	7,844
8	9月	865	506	831	2,215	1,036	5,453
9	10月	660	471	435	2,417	1,113	5,096

マウスポインターの形が変わった

3 セルG5までドラッグ

7 塗りつぶしの色を選択する 

セルA5 ～ G5を選択しておく

1 [塗りつぶしの色] のここをクリック

2 [黄] をクリック

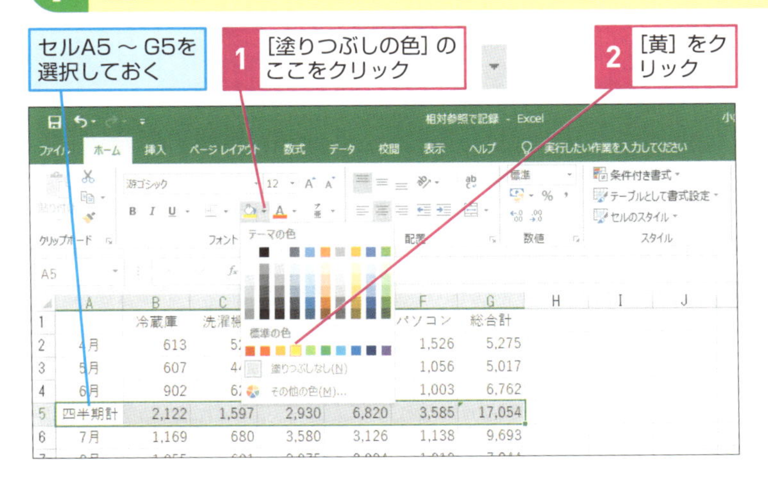

	A	B	C	D	E	F	G
1		冷蔵庫	洗濯機			パソコン	総合計
2	4月	613				1,526	5,275
3	5月	607				1,056	5,017
4	6月	902				1,003	6,762
5	四半期計	2,122	1,597	2,930	6,820	3,585	17,054
6	7月	1,169	680	3,580	3,126	1,138	9,693

次のページに続く

8 行を選択する位置を選択する

セルA5～G5の背景色が変更された

マクロを実行したときに3行下の行（8行目と9行目の間）に行を挿入できるようにする

	A	B	C	D	E	F	G	H	I
1		冷蔵庫	洗濯機	エアコン	テレビ	パソコン	総合計		
2	4月	613	529	403	2,204	1,526	5,275		
3	5月	607	444	893	2,017	1,056	5,017		
4	6月	902	624	1,634	2,599	1,003	6,762		
5	四半期計	2,122	1,597	2,930	6,820	3,585	17,054		
6	7月	1,169	680	3,580	3,126	1,138	9,693		
7	8月	1,055	601	2,075	3,094	1,019	7,844		
8	9月	865	506	831	2,215	1,036	5,453		
9	10月	660	471	435	2,417	1,113	5,096		
10	11月	503	455	633	2,779	1,131	5,501		

1 セルA9をクリックして選択

相対参照の場合、マクロには「セルA9」ではなく「選択したセル」と記録される

9 絶対参照に切り替える

相対参照の記録を終了する

1 表示］タブをクリック

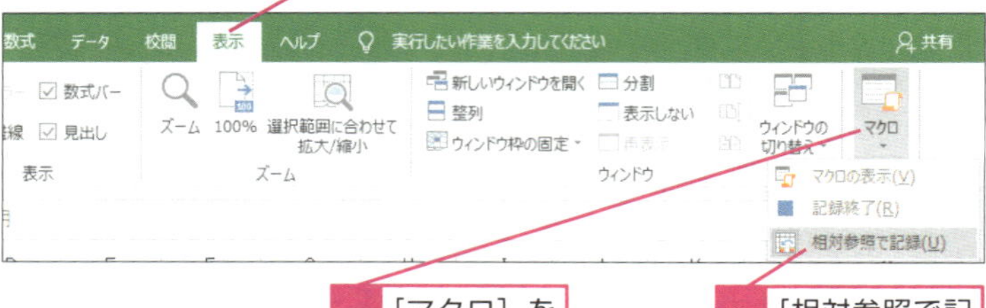

2 ［マクロ］をクリック

3 ［相対参照で記録］をクリック

Hint!

記録終了前に選択したセルは次にマクロを実行するときの基準になる

相対参照で記録したマクロでは、マクロを実行するときに選択しているセルを基準にして、次に選択するセルが決まります。手順8でセルA9を選択しているのはマクロの実行後に、次にマクロを実行する対象を決めるためです。このようにしておけば、マクロを実行するだけで3行ごとに四半期計の行が次々に挿入できます。

Hint!

結合されたセルに注意しよう

マクロを実行中、選択されたセルが記録時になかった結合セルであるときは、その後のセル選択でセル参照がずれたり、エラーになったりすることがあります。逆に記録時に結合されていたセルが、マクロの実行時にセルの結合が解除されているときも、セル参照がずれてしまうことがあります。マクロを記録した後は、関連する場所のセルを結合したりセルの結合を解除したりしないようにしましょう。

10 マクロの記録を終了する

絶対参照に切り替わった

絶対参照に切り替わっても画面の表示は特に変わらない

マクロの記録を終了するときは絶対参照に切り替える

1 ［マクロ］をクリック

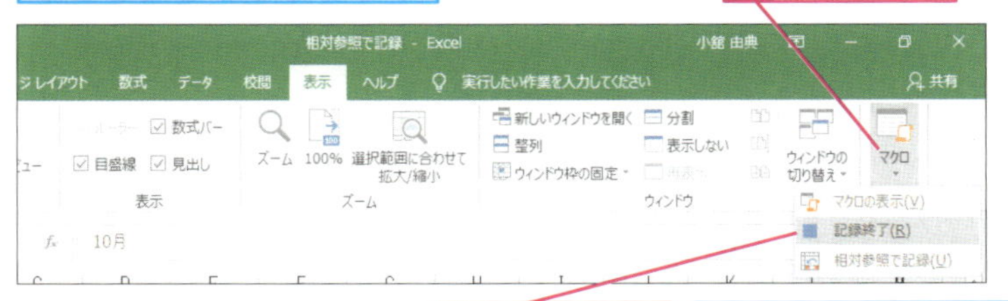

2 ［記録終了］をクリック

レッスン2を参考にマクロを含むブックを保存しておく

マクロの確認

11 相対参照で記録したマクロを実行する

レッスン4を参考に［マクロ］ダイアログボックスを表示しておく

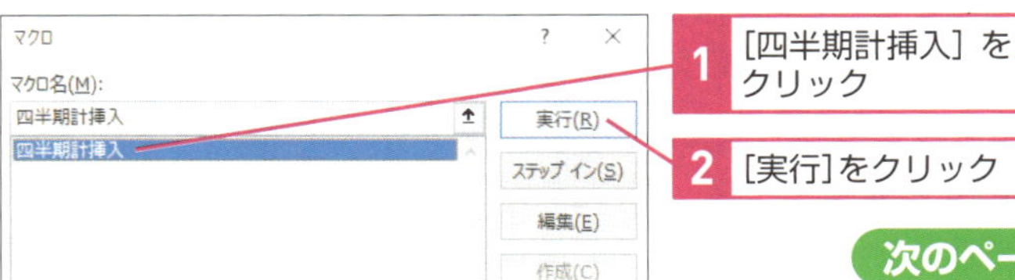

1 ［四半期計挿入］をクリック

2 ［実行］をクリック

次のページに続く

12 マクロの実行結果を確認する

マクロが実行された

1 四半期を合計した行が挿入され色が付いたことを確認

A13 fx 1月

	A	B	C	D	E	F	G	H	I
1		冷蔵庫	洗濯機	エアコン	テレビ	パソコン	総合計		
2	4月	613	529	403	2,204	1,526	5,275		
3	5月	607	444	893	2,017	1,056	5,017		
4	6月	902	624	1,634	2,599	1,003	6,762		
5	四半期計	2,122	1,597	2,930	6,820	3,585	17,054		
6	7月	1,169	680	3,580	3,126	1,138	9,693		
7	8月	1,055	601	2,075	3,094	1,019	7,844		
8	9月	865	506	831	2,215	1,036	5,453		
9	四半期計	3,089	1,787	6,486	8,435	3,193	22,990		
10	10月	660	471	435	2,417	1,113	5,096		
11	11月	503	455	633	2,779	1,131	5,501		
12	12月	738	673	850	4,120	1,291	7,672		
13	1月	424	328	425	2,300	1,266	4,743		
14	2月	396	370	325	1,691	952	3,734		
15	3月	778	720	419	2,813	1,627	6,357		

2 次に四半期の行を挿入するセルが選択されたことを確認

Point 相対参照で記録するときはセルの選択から始める

マクロを相対参照で記録するときは、記録を開始する前に相対参照の基準となるセルを選択しておく必要があります。記録を始めてから基準のセルを選択すると、その操作も記録され、マクロを実行したときにいつも同じセルが基準になってしまいます。また、記録を終了する前に次に基準となるセルを選択しておくことも大切です。これは、基準のセルをマクロの記録前に選択して、マクロの終了時に続けて実行できるための準備です。なお、マクロの記録が終了したら手順9の操作で絶対参照に切り替えておきましょう。

Hint!

マクロをツールバーのボタンに登録して便利に使う

Excelの画面にボタンを追加して、マクロを登録できます。クイックアクセスツールバーやリボンによく使うマクロを専用のボタンに登録しておけば、実行するたびにダイアログボックスを表示しなくてもいいので便利です。なお、追加したボタンは、いつでも削除できます。

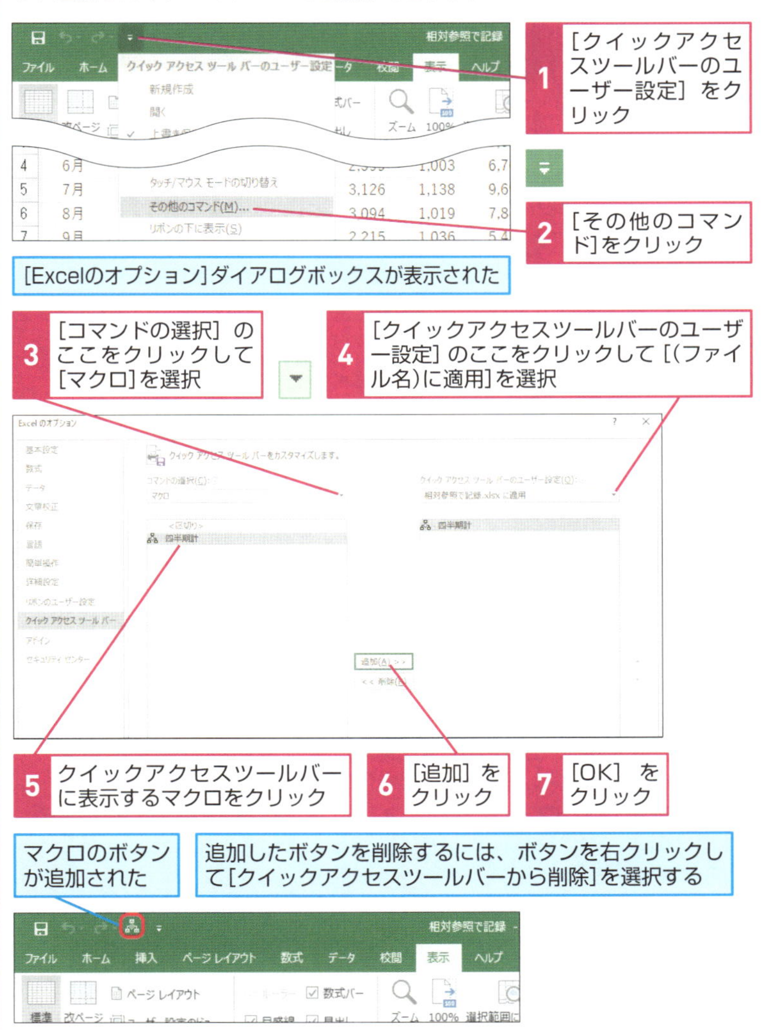

レッスン 10

別のワークシートにデータを転記するには

相対参照と絶対参照の切り替え

相対参照を使ってワークシート間でデータをコピーする操作をマクロに記録します。このレッスンでは、マクロの記録中に参照方法を切り替える方法を解説します。

サンプル 相対参照と絶対参照の切り替え.xlsx

ショートカットキー Alt＋F8……[マクロ] ダイアログボックスの表示
Ctrl＋C……コピー
Ctrl＋V……貼り付け

第3章 相対参照を使ったマクロを記録する

作成するマクロ

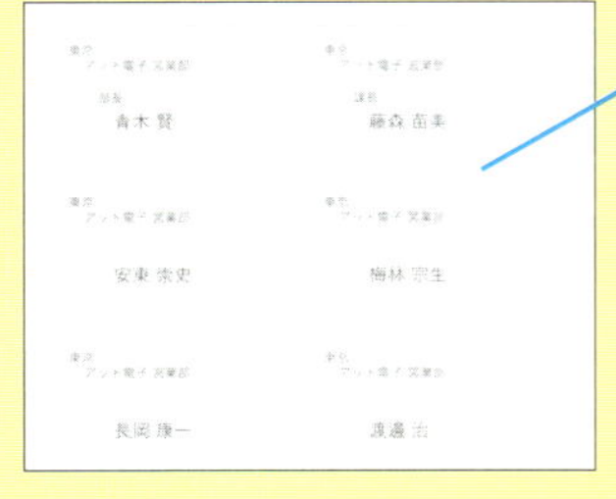

[参加者名簿] シートのデータを別のワークシートにコピーして、名札のレイアウトで印刷する

相対参照の基準となるセルを選択する（手順1） 絶対参照

↓

マクロの記録を開始して相対参照に切り替える（手順2、3） 相対参照

↓

選択したセル範囲をコピーしてワークシートを切り替える（手順4、5） 相対参照

↓

絶対参照に切り替えてデータを貼り付け、あて名を印刷する（手順6～8） 絶対参照

↓

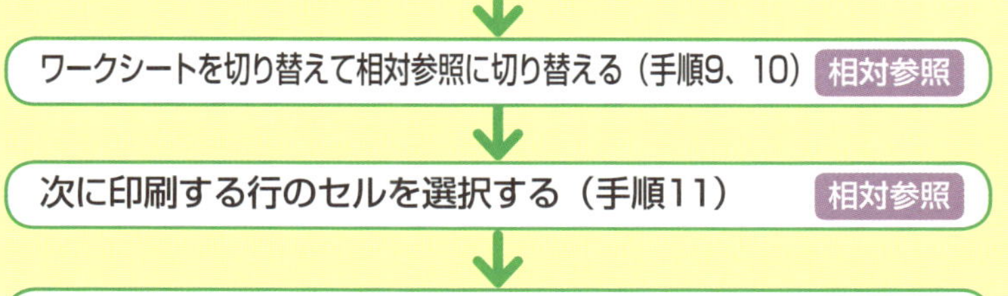

このマークが入っている手順は、マクロとして記録されます。間違えないように操作してください

マクロの記録

1 セルを選択する

［相対参照と絶対参照の切り替え.xlsx］を開いておく

マクロを記録する前に、相対参照の基準となるセルを選択する

1 セルA2をクリックして選択

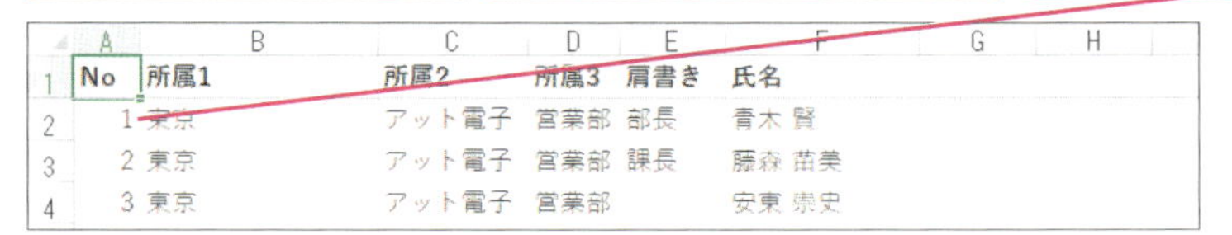

2 マクロの記録を開始する

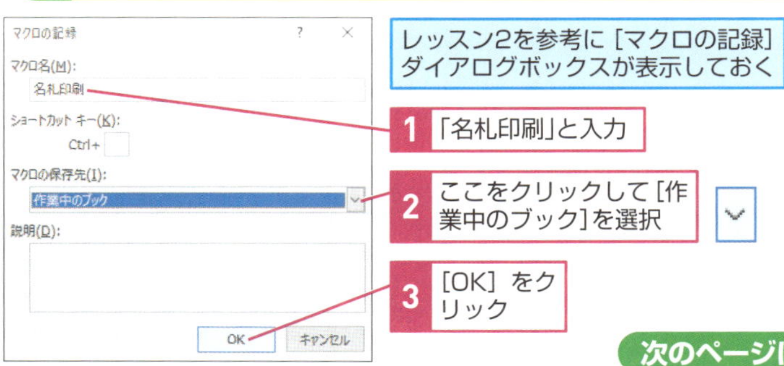

レッスン2を参考に［マクロの記録］ダイアログボックスが表示しておく

1 「名札印刷」と入力

2 ここをクリックして［作業中のブック］を選択

3 ［OK］をクリック

次のページに続く

3 相対参照に切り替える

マクロの記録が開始された

ここからの記録内容は相対参照で記録していく

1 [表示]タブをクリック

2 [マクロ]をクリック

3 [相対参照で記録]をクリック

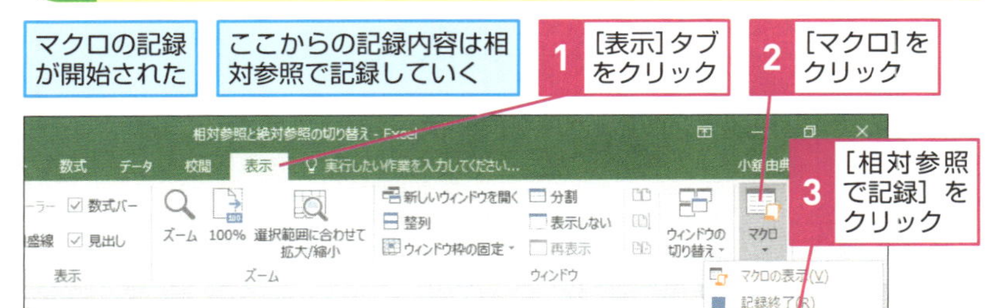

4 セル範囲をコピーする

1 セルA2～F11を選択

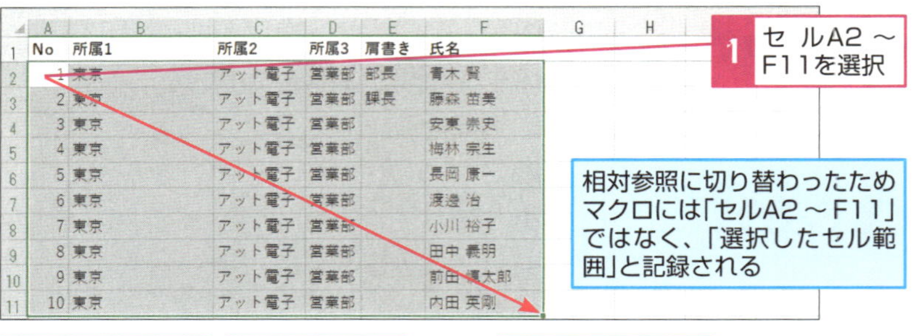

No	所属1	所属2	所属3	肩書き	氏名
1	東京	アット電子	営業部	部長	青木 賢
2	東京	アット電子	営業部	課長	藤森 苗美
3	東京	アット電子	営業部		安東 崇史
4	東京	アット電子	営業部		梅林 宗生
5	東京	アット電子	営業部		長岡 康一
6	東京	アット電子	営業部		渡邊 治
7	東京	アット電子	営業部		小川 裕子
8	東京	アット電子	営業部		田中 義明
9	東京	アット電子	営業部		前田 慎太郎
10	東京	アット電子	営業部		内田 英剛

相対参照に切り替わったためマクロには「セルA2～F11」ではなく、「選択したセル範囲」と記録される

2 [ホーム]タブをクリック

3 [コピー]をクリック

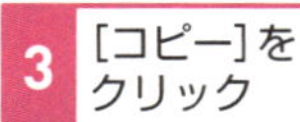

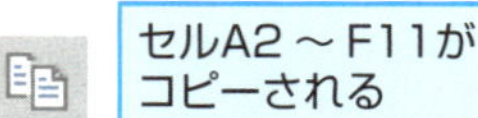

セルA2～F11がコピーされる

Hint!

現在のセル参照の状態を確認するには

マクロの記録中は、セルの参照方法の状態が画面上に表示されません。現在の状態が絶対参照と相対参照のどちらかを確認するには、手順3のように操作して確認します。表示された一覧の［相対参照で記録］の項目が反転表示になっているときは相対参照になっています。

Hint!

転記先はセル参照を使う

このレッスンで利用する［名札］シートでは、セルA42～F51に入力したデータを参照するように設定しています。各項目のセルにデータを1つずつ直接転記することもできますが、セル参照を使うとデータの転記が1回でできます。

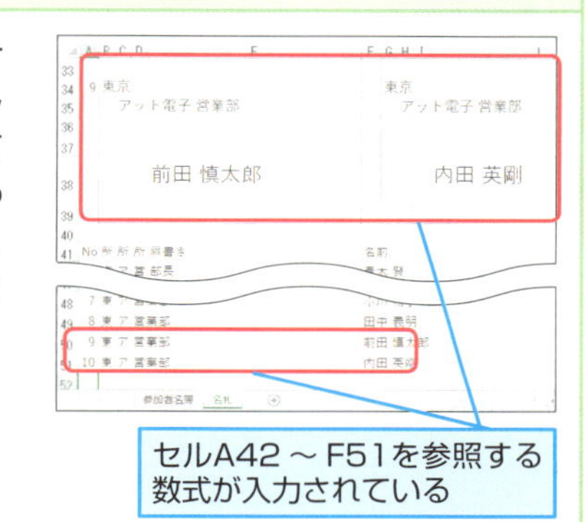

5 ［名札］シートを表示する

コピーしたあて名データを［名札］シートのセルに貼り付ける

1 ［名札］シートをクリック

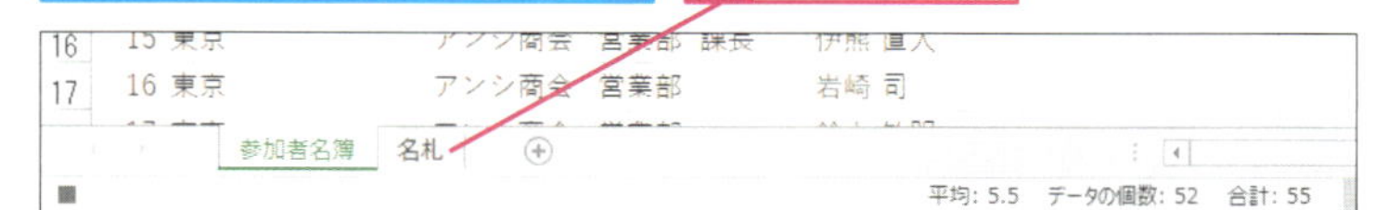

6 絶対参照に切り替える

［名札］シートが表示された

マクロの記録内容を絶対参照に切り替える

1 ［表示］タブをクリック

2 ［マクロ］をクリック

3 ［相対参照で記録］をクリック

次のページに続く

7 名簿データを貼り付ける

絶対参照に切り替わった

絶対参照に切り替わっても画面の表示は特に変わらない

1 スクロールバーを下にドラッグしてスクロール

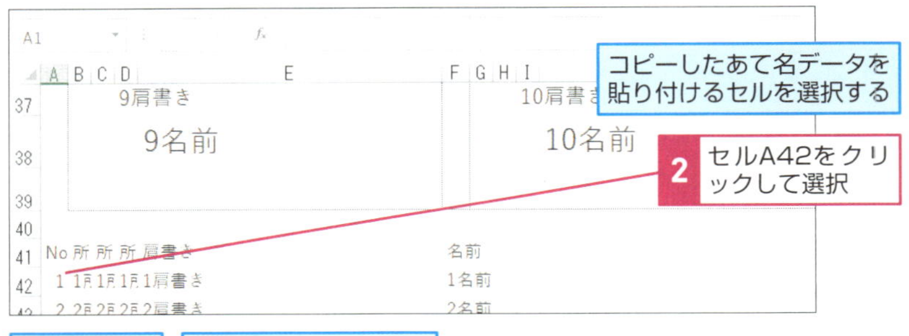

コピーしたあて名データを貼り付けるセルを選択する

2 セルA42をクリックして選択

セルA42が選択された

横方向の名簿データを貼り付ける

3 ［ホーム］タブをクリック

4 ［貼り付け］をクリック

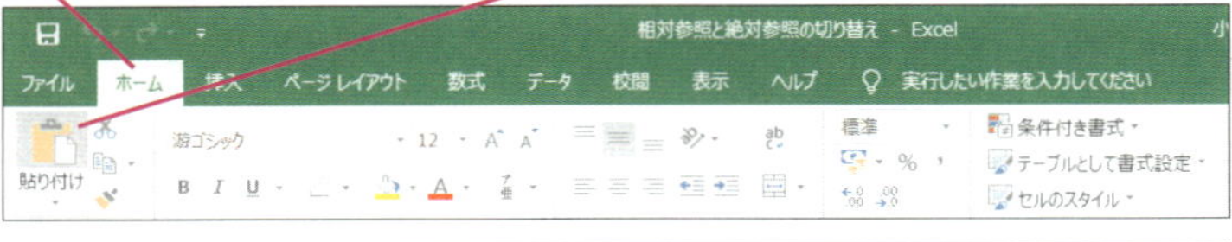

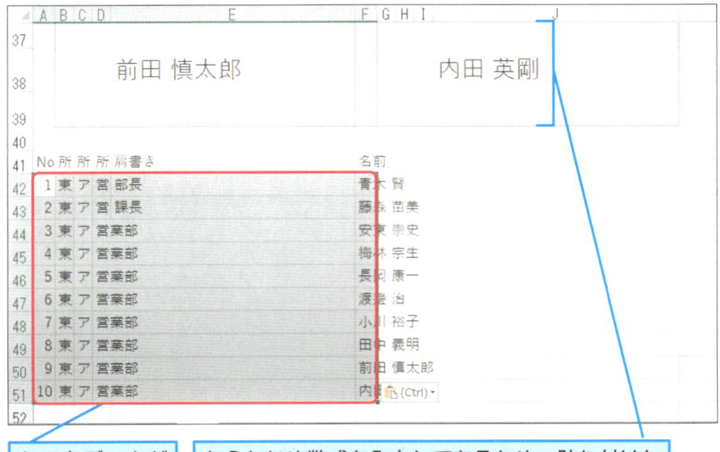

あて名データが貼り付けられた

あらかじめ数式を入力してあるため、貼り付けたあて名データがここに表示される

Hint!

印刷の設定も記録される

マクロの記録では、印刷設定の内容も一緒に記録されます。例えば、マクロを記録するときに、部数を「5」にして印刷すると、実行時に5部印刷されます。そのほか、印刷するページの指定や、用紙の向きなど、変更した設定内容が、マクロに記録されます。なお、出力先のプリンターを変更しても、その手順は記録されません。マクロの実行時に、設定されているプリンターに出力されるため、マクロの記録時とは異なる環境でマクロを実行しても、正しく動作します。

8 名札を印刷する

レッスン2を参考に［印刷］の画面を表示しておく

1 部数や印刷の向きなどを、プリンターの設定を確認

2 ［印刷］をクリック

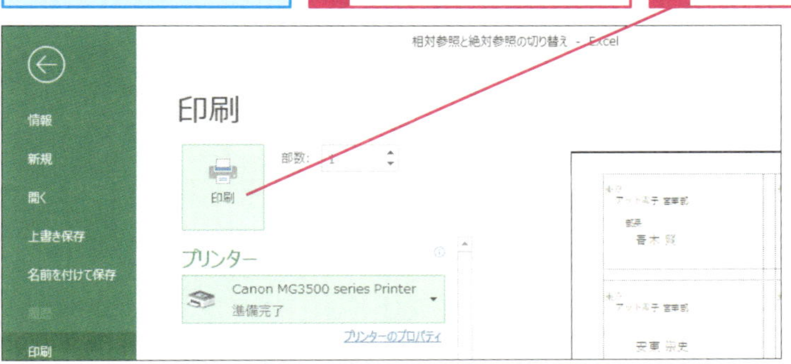

名札を用紙に印刷できた

次のページに続く

9 [参加者名簿] シートを表示する

再び印刷する行を選択するため[参加者名簿]シートを表示する

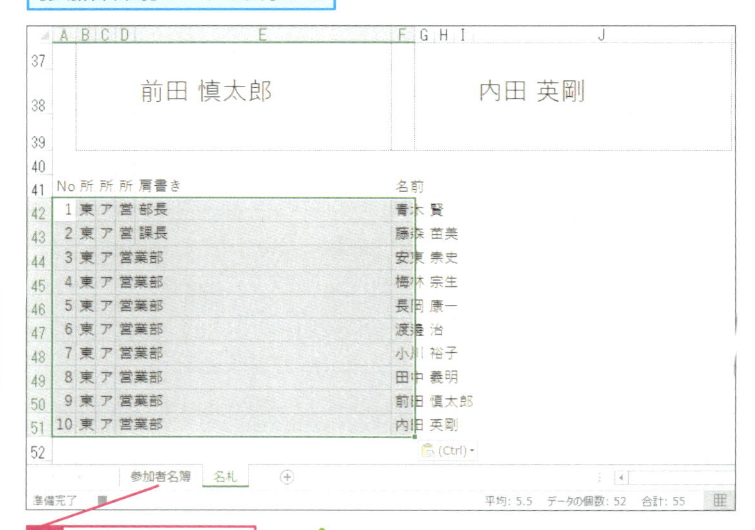

1 [参加者名簿] シートをクリック

間違った場合は?

マクロの記録中に操作を間違えてしまったときは、マクロの記録を終了し、36ページのHINT!を参考にマクロを削除してから、もう一度記録し直しましょう。

Hint!

転記先のワークシート名は変更しない

ワークシートを切り替える操作を記録したときには、マクロの記録後にワークシートの名前を変更しないようにしましょう。なぜなら、ワークシートの操作では、ワークシート名が記録されているため、ワークシート名を変更してしまうとマクロの実行時にエラーが発生してしまうからです。

10 相対参照に切り替える

[参加者名簿] シートが表示された

絶対参照の記録を終了する

1 [表示] タブをクリック

2 [マクロ] をクリック

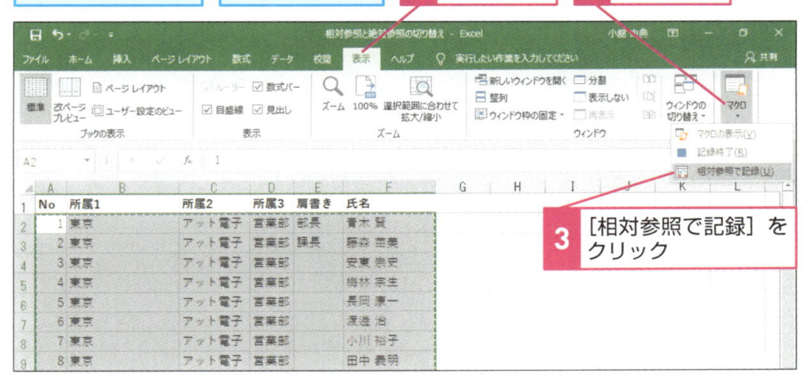

3 [相対参照で記録] をクリック

11 セルを選択する

相対参照に切り替わった

相対参照に切り替わっても画面の表示は特に変わらない

はじめに印刷する行を選択しておく

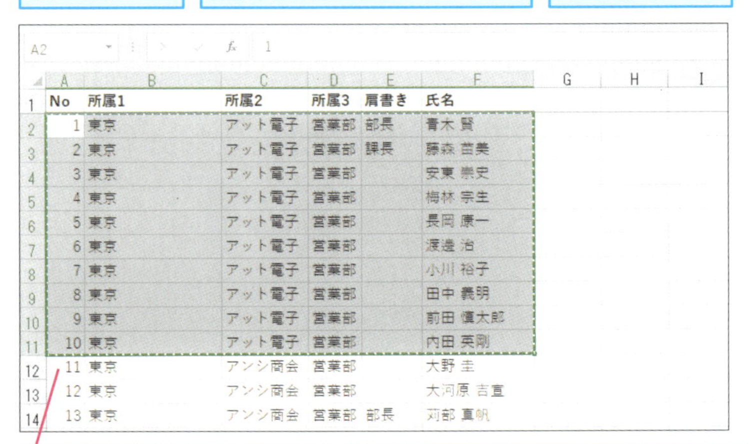

1 セルA12をクリックして選択

相対参照に切り替わったためマクロには「セルA12」ではなく、「選択されているセル」と記録される

次のページに続く

12 再び絶対参照に切り替える

セルA12が選択された

相対参照の記録を終了する

1 [表示] タブをクリック

2 [マクロ] をクリック

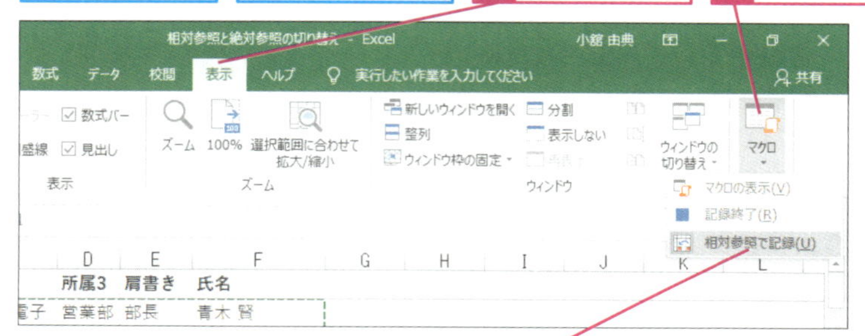

3 [相対参照で記録] をクリック

絶対参照に切り替わった

4 [表示] タブをクリック

5 [マクロ] をクリック

6 [記録終了] をクリック

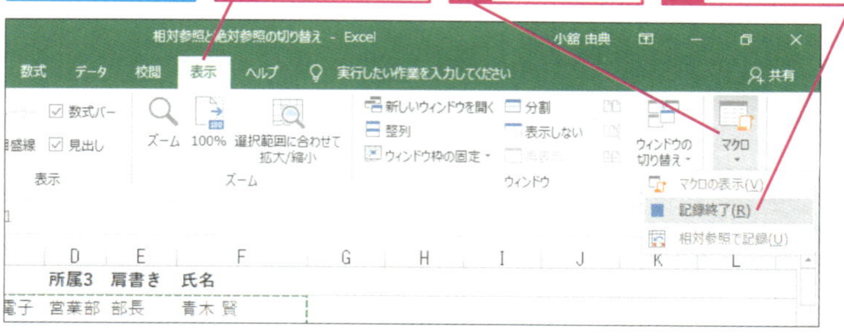

レッスン2を参考にマクロを含むブックを保存しておく

Escキーを押して、セルの選択を解除しておく

Hint!

マクロの記録を終了する前に絶対参照に戻しておく

マクロの記録でのセル参照は、Excelを起動した直後は「絶対参照」になっています。参照方法を相対参照に切り替えると、マクロの記録を終了しても自動的に絶対参照には戻りません。再度クリックして「絶対参照」に戻すか、Excelを終了して再起動するまでは、状態は変わりません。次にマクロを記録するときに、参照方法を間違って記録しないように、マクロの記録を終了するときには、最後に絶対参照に戻しておきましょう。

マクロの確認

13 マクロを実行する

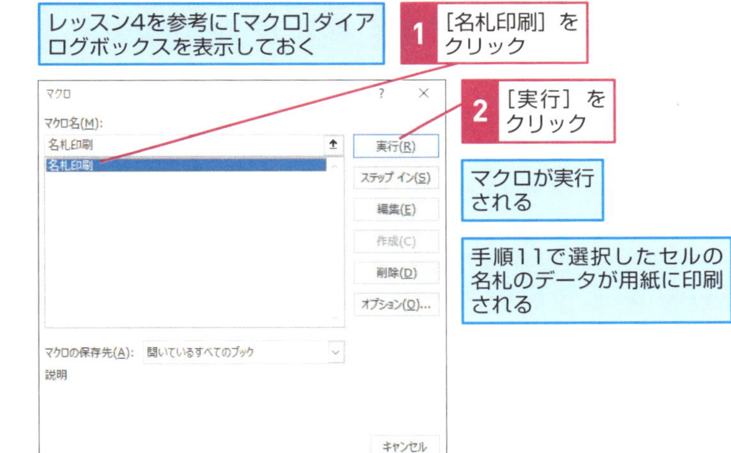

Point セルのクリックでセル参照が記録される

このレッスンでは、相対参照と絶対参照を切り替えながら、名簿のデータを10行ずつまとめて転記して、名札を印刷するマクロを作成しました。参照方法を切り替えると、マクロに記録される、セル参照の方法が変わります。絶対参照では、選択したセル参照が、そのまま記録されます。相対参照では、直前に選択されていたセルからの、相対的な位置情報に変換されて記録されます。記録されるタイミングは、マウスでセルをクリックして選択したときで、参照方法に応じて、その内容がマクロに記録されます。このレッスンでは、手順4と手順7、手順11でセルを選択したときです。セルの選択後に参照方法を変更しても、すでに記録されたセルの位置情報は変更されないので、注意してください。

ステップアップ！

[開発] タブでマクロの相対参照と絶対参照を見分けられる

[開発] タブにある [相対参照で記録] ボタンの状態を見れば、記録中の参照方法を確認できます。[相対参照で記録] ボタンがクリックされた状態であれば相対参照で、クリックされていなければ絶対参照で記録されます。

[相対参照で記録] がクリックされていない状態のときは、絶対参照で記録される

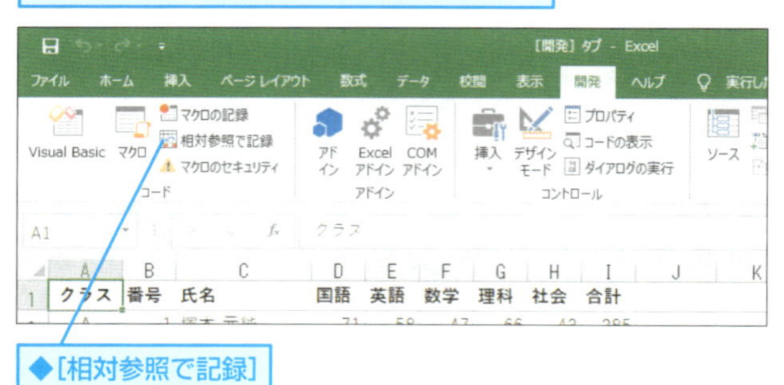

◆[相対参照で記録]

[相対参照で記録] がクリックされている状態（反転表示）のときは、相対参照で記録される

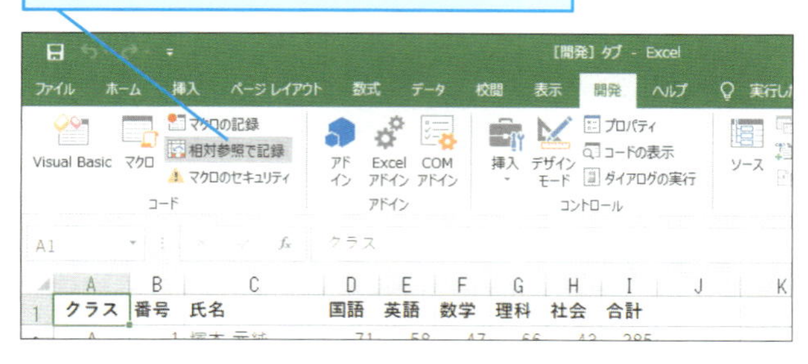

第4章

VBAの基本を知る

この章ではVBAとはどのようなものなのか、そして、マクロの記録とどのように関係しているかを解説します。また、VBEを利用してマクロで記録した内容を編集する方法も紹介します。VBAについて知っておくと、マクロをさらに使いこなせるようになります。VBAの基本をマスターしましょう。

レッスン 11

VBAとは

Excel VBA

VBA（ブイビーエー）とはいったい何でしょうか？　実はマクロとVBAには密接な関係があります。このレッスンではVBAがどういうものなのかを説明します。

マクロの記録とVBAの関係

VBAとは「Visual Basic for Applications」の略で、ExcelなどOffice製品の操作を自動化するためのマイクロソフトのプログラミング言語です。マクロの記録では、Excelの操作手順をExcelが理解できる形に変換されて記録されます。この「Excelが理解できる形」というものが、VBAのコードで記述されたプログラムなのです。

●記録したマクロとVBAの内容

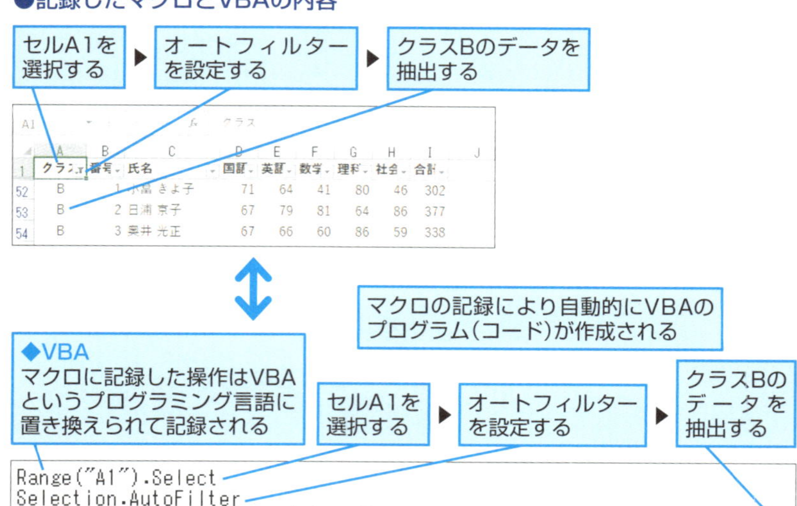


```
Range("A1").Select
Selection.AutoFilter
ActiveSheet.Range("$A$1:$I$251").AutoFilter Field:=1, Criteria1:="B"
```

繰り返し処理が可能

レッスン9では、四半期の合計を求めてセル範囲の色を変更する操作をマクロに記録しました。レッスン10では、参加者名簿のデータを名札用にレイアウトした別のワークシートにコピーし、名札を印刷するマクロを記録しました。もし、ブック全体でこれらの作業を実行するときは何度も続けてマクロを実行する必要があります。しかし、VBAを利用すれば、同じ処理の繰り返し（ループ）を設定できるため、1回の実行で必要な回数だけ繰り返して処理できます。

四半期の合計を求める処理をマクロで簡単に繰り返せる

	A	B	C	D	E	F
1		冷蔵庫	洗濯機	エアコン	テレビ	パソコン
2	4月	613	529	403	2,204	1,526
3	5月	607	444	893	2,017	1,056
4	6月	902	624	1,634	2,599	1,003
5	四半期計	2,122	1,597	2,930	6,820	3,585
6	7月	1,169	680	3,580	3,126	1,138
7	8月	1,055	601	2,075	3,094	1,019

繰り返し処理の例1

四半期の合計を計算する行を挿入する

繰り返し処理の例2

四半期の合計を計算して数式をコピーし、セル範囲の背景色を変更する

指定した条件による処理の変更

「操作の途中で条件によって処理を変える」といったマクロを作成するときは、まず操作を分けてマクロを記録し、その都度、状況に応じたマクロを選択して実行する必要があります。しかし、VBAを利用すれば、マクロの実行中に指定した条件ごとに、それぞれ異なる処理が行えます。データや条件が違っても同じ1つのマクロで目的の結果が得られます。

データが「7」なら青、「8」なら赤、「9」なら黄色の背景色を付ける操作も1つのマクロで実行できる

条件分岐の例

セルに入力されているデータを判断して、別々の背景色を付ける

レッスン
12

記録したマクロの内容を表示するには

VBEの起動、終了

レッスン11では、マクロの記録によって、自動的にVBAのプログラムが作成されることを解説しました。このレッスンでは、マクロの内容をVBEで見てみましょう。

サンプル VBEの起動、終了.xlsm

ショートカットキー Alt + F8……[マクロ] ダイアログボックスの表示
Alt + F11…… ExcelとVBEの表示切り替え

VBE（Visual Basic Editor）の起動

1 VBEを起動する

[VBEの起動、終了.xlsm] をExcelで開いておく

レッスン4を参考に[マクロ]ダイアログボックスを表示しておく

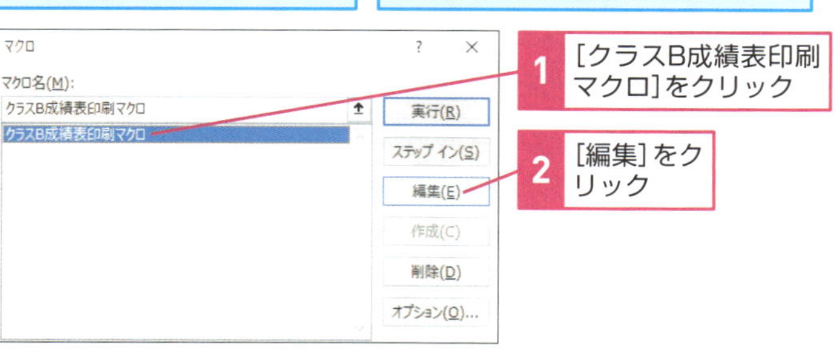

Hint!

VBAはVBEで編集する

VBEとは「Visual Basic Editor」の略で、VBA（マクロ）の編集や新規作成をするためのツールです。VBEはExcelの画面から起動します。手順1では、マクロを選択してから [編集] ボタンをクリックして、VBEを起動しています。VBEを素早く起動したいときは、[開発] タブを利用します。詳しくは、レッスン15を参照してください。

Hint!

画面の表示が異なるときは

VBEのウィンドウの左側に表示されているプロジェクトエクスプローラーやプロパティウィンドウを間違って閉じてしまったときは、[表示] メニューの [プロジェクトエクスプローラー] や [プロパティウィンドウ] をクリックします。また、コードウィンドウ内にある、モジュールのウィンドウを閉じてしまったときは、プロジェクトエクスプローラーの [標準モジュール] にある [Module1] など、表示したいモジュールをダブルクリックすれば、もう一度ウィンドウが表示されます。

2 コードウィンドウを最大化する

VBEが起動し、マクロの内容が表示された

コードを編集しやすいようにVBEのウィンドウとコードウィンドウを最大化する

◆プロジェクトエクスプローラー
ブックに含まれるモジュールが表示される

1 [最大化]をクリック

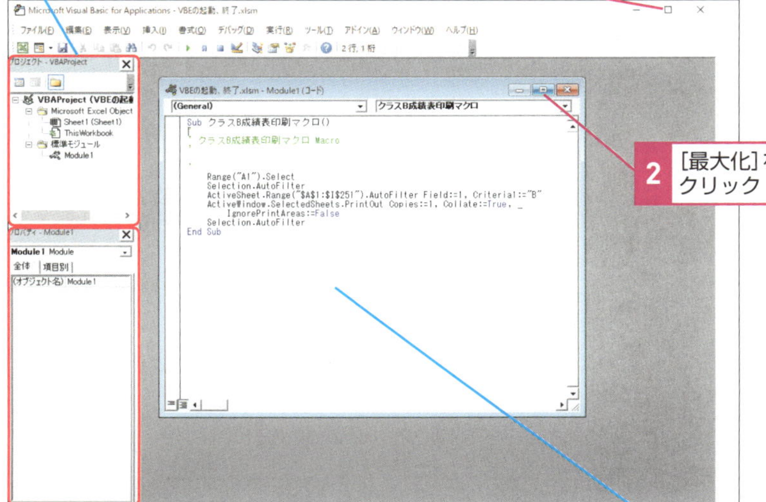

2 [最大化]をクリック

◆プロパティウィンドウ
プロジェクトエクスプローラーで選択した項目の名前や属性が表示される

◆コードウィンドウ
マクロに記録した内容がコードとして表示される

次のページに続く

モジュールとプロシージャの関係

VBEの画面に表示されたVBAコードの意味をすぐに理解するのは難しいと思うので、はじめにVBAを構成するモジュールとプロシージャの2つの要素を覚えておきましょう。プロシージャは1つのマクロが成り立つ最小の単位です。1つ以上のプロシージャが集まって1つのモジュールが構成されます。1つのマクロを記録するとプロシージャが1つ作成されます。なお、1つのブックには複数のモジュールを保存でき、1つのモジュールに複数のプロシージャを記述できます。マクロで記録した処理内容はVBAでは、SubとEnd Subでくくられます。

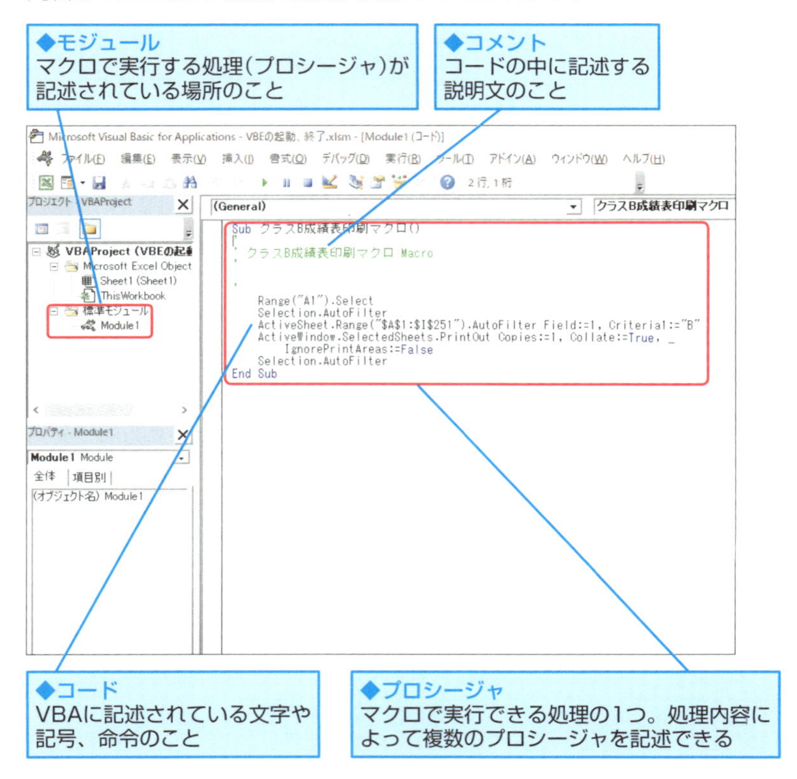

VBEの終了

3 VBEを終了する

マクロの内容を表示できたので
VBEの画面を閉じる

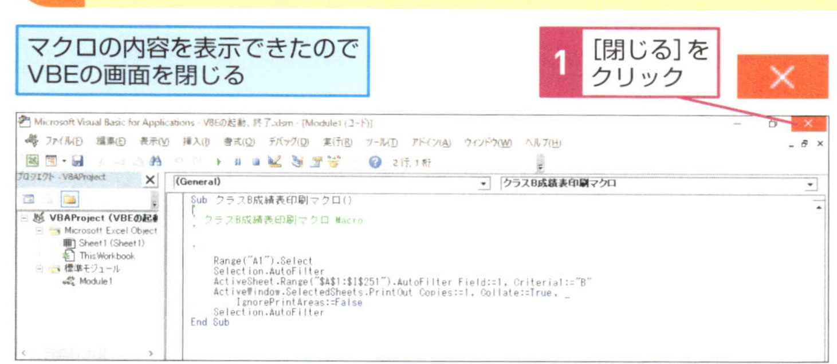

VBEが終了し、Excelの画面が
表示された

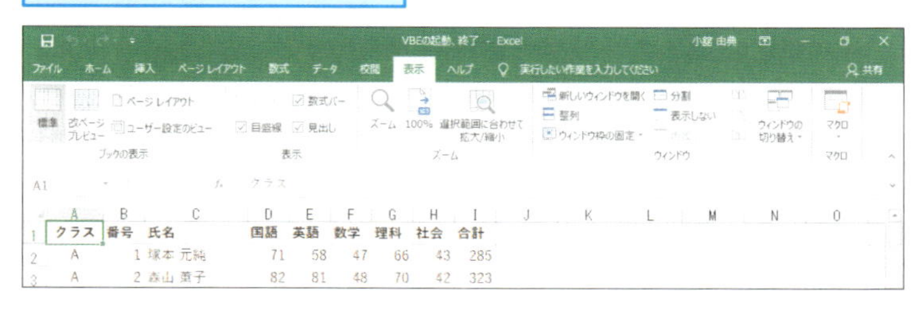

Point VBEを起動してマクロの内容を表示する

このレッスンでは、マクロの内容を確認するためにVBEを起動しました。VBEは最初からExcelに搭載されている、VBA（マクロ）の編集や作成ができる専用のツールです。マクロが含まれているブックをVBEで表示すると、マクロの内容がコードで表示されます。VBAはモジュールとプロシージャの2つの要素から構成されていることを覚えておきましょう。なお、1つのモジュールに複数のプロシージャを記述することも可能ですが、1回のマクロの記録で自動的に作成されるプロシージャは1つです。

レッスン
13
VBAを入力する画面を確認しよう
Visual Basic Editor

レッスン12で起動したVBEの操作画面について詳しく見てみましょう。VBAを習得するために、VBEの操作画面に慣れておきましょう。

VBEの画面構成

VBEの画面にマクロの内容がコードで表示されることはレッスン12で解説しました。このレッスンでは、VBEの画面の主な名称と役割を解説します。VBEを起動した直後は標準で、画面左側にプロジェクトエクスプローラーとプロパティウィンドウが表示され、画面中央にはコードを編集できるコードウィンドウが表示されます。各部の名称と役割を覚えておきましょう。

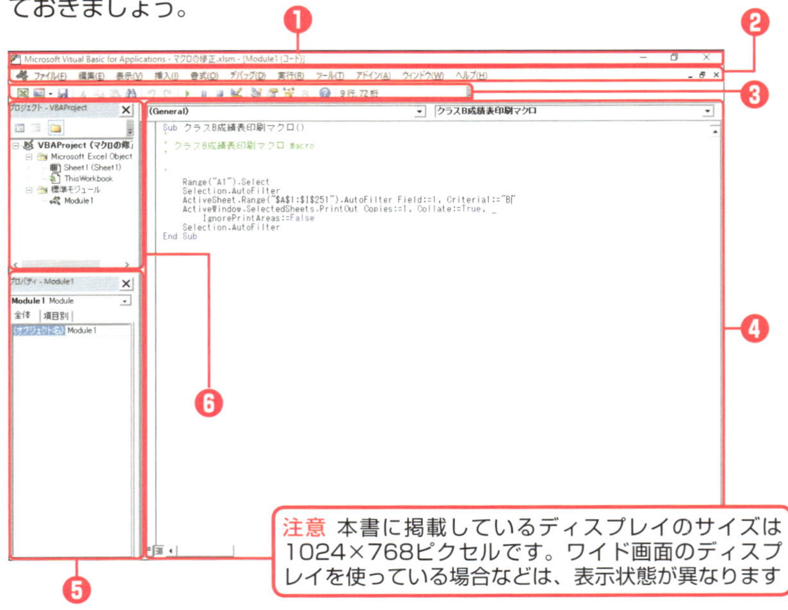

注意 本書に掲載しているディスプレイのサイズは1024×768ピクセルです。ワイド画面のディスプレイを使っている場合などは、表示状態が異なります

第4章 VBAの基本を知る

❶タイトルバー

マクロが記録されているブック名やモジュール名など、VBEで表示しているコードの名前が表示される領域。

❷メニューバー

作業の種類によって、操作がメニューにまとめられている。必要なメニューをクリックすると操作の一覧が表示される。

❸ツールバー

Excelの画面への切り替えやコードの保存など、よく使う機能がボタンで表示される領域。カーソルの位置も確認できる。

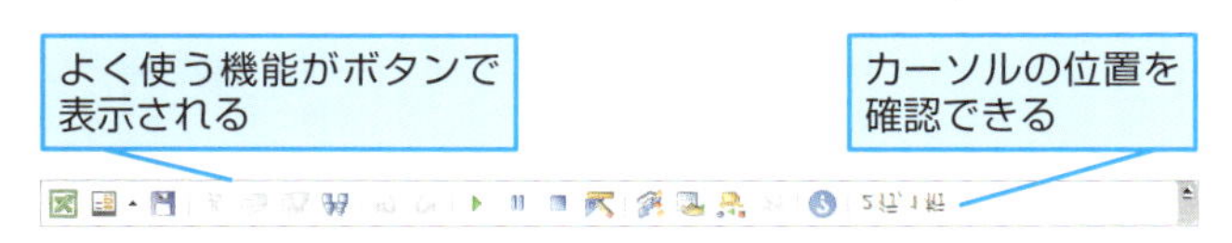

❹コードウィンドウ

プロジェクトエクスプローラーで選択したモジュールのコードが表示される。コードの修正や追記はこのウィンドウで行う。

❺プロパティウィンドウ

プロジェクトエクスプローラーで選択した項目の名前やディスプレイの表示状態など、オブジェクトのプロパティが表示される。

❻プロジェクトエクスプローラー

現在開いているExcelのブックや、そこに含まれるワークシートなどのオブジェクトが一覧で表示される。項目をダブルクリックすれば、該当のコードをコードウィンドウに表示できる。

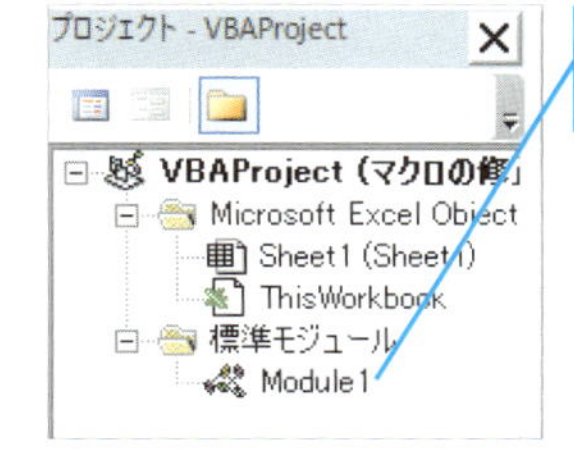

レッスン
14 VBEでマクロを修正するには
マクロの修正

レッスン11で解説したように、マクロで記録した操作はVBAの命令に置き換えられて作成されます。ここでは、その一部を書き換えてマクロを修正してみましょう。

サンプル マクロの修正.xlsm

ショートカットキー Alt + F8 ……[マクロ]ダイアログボックスの表示
Alt + F11 …… ExcelとVBEの表示切り替え
Ctrl + S …… ブックの保存

マクロの修正

1 修正個所にカーソルを移動する

[マクロの修正.xlsm]をExcelで開いておく

レッスン12を参考にマクロをVBEで表示しておく

1 [B]の後ろをクリック

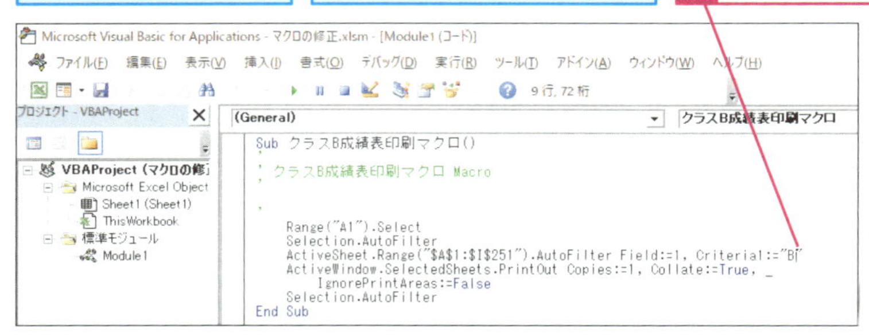

成績表からクラスBのデータを抽出して印刷するマクロを修正する

2 Back space キーを押す

文字が削除された

```
    Range("A1").Select
    Selection.AutoFilter
    ActiveSheet.Range("$A$1:$I$251").AutoFilter Field:=1, Criteria1:=""
    ActiveWindow.SelectedSheets.PrintOut Copies:=1, Collate:=True, _
        IgnorePrintAreas:=False
    Selection.AutoFilter
End Sub
```

第4章 VBAの基本を知る

2 マクロを修正する

新しく抽出するデータを入力する

データを抽出するときに選択する項目名にする

```
    Range("A1").Select
    Selection.AutoFilter
    ActiveSheet.Range("$A$1:$I$251").AutoFilter Field:=1, Criteria1:="C"
    ActiveWindow.SelectedSheets.PrintOut Copies:=1, Collate:=True, _
        IgnorePrintAreas:=False
    Selection.AutoFilter
End Sub
```

ここでは、クラスCのデータを抽出するので「C」と入力する

1 半角で「C」と入力

2 ここを「C」に修正

```
Sub クラスC成績表印刷マクロ()
'
' クラスC成績表印刷マクロ Macro
'

'
```

コメントの内容も修正しておく

3 ここを「C」に修正

3 ブックを保存する

マクロを記録したときと同様にブックを保存する

1 [上書き保存]をクリック

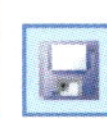

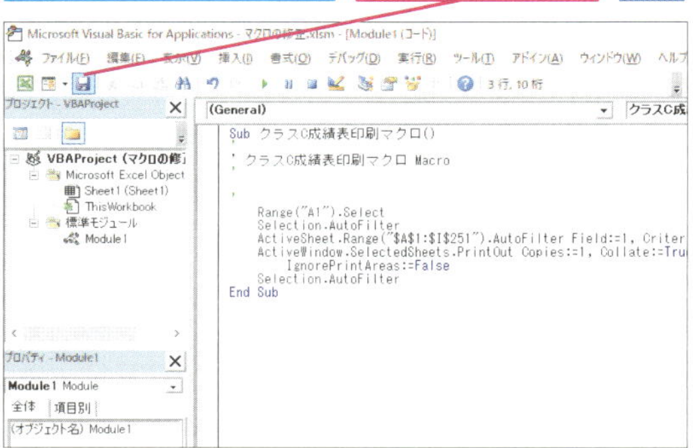

Hint!

ブックも同時に保存される

手順3のように、VBEの画面で［上書き保存］ボタンをクリックしてモジュールを保存すると、マクロはブックと同じファイルに保存されます。

次のページに続く

4 Excelの画面に切り替える

Excelの画面を表示する

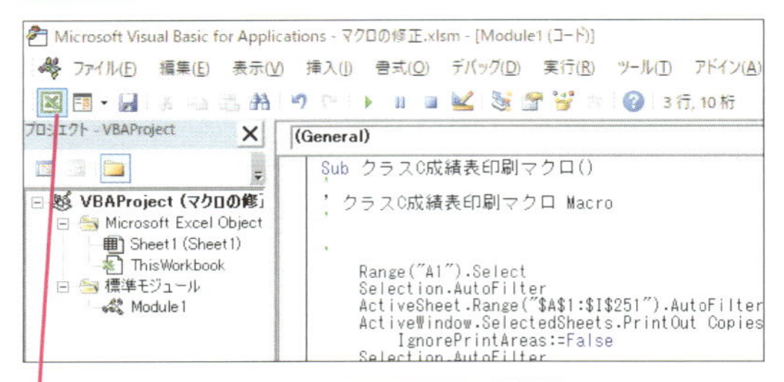

1 [表示 Microsoft Excel]をクリック

Hint!
VBEの画面は閉じてもいい

手順4ではVBEの画面からExcelの画面に切り替えていますが、VBEの画面右上にある［閉じる］ボタンをクリックして、VBEの画面を閉じても構いません。

マクロの確認

5 マクロを実行する

レッスン4を参考に[マクロ]ダイアログボックスを表示しておく

1 [クラスC成績表印刷マクロ]をクリック

2 ［実行］をクリック

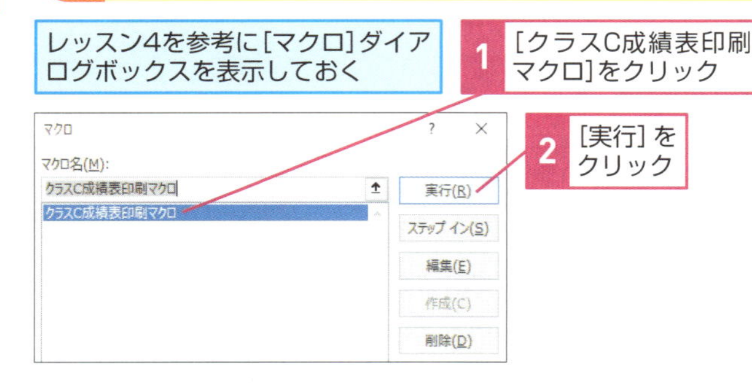

Hint!
プロシージャの名前がマクロの名前になる

「Sub」キーワードに続いて記述されている、プロシージャの名前がマクロの名前になります。修正したマクロは、処理の内容に合わせて、適切な名前に変更しましょう。手順5の［マクロ］ダイアログボックスで表示されるマクロの名前は、手順2で変更したプロシージャの名前になっています。

6 マクロの実行結果を確認する

クラスCの成績表が印刷されたことを確認する

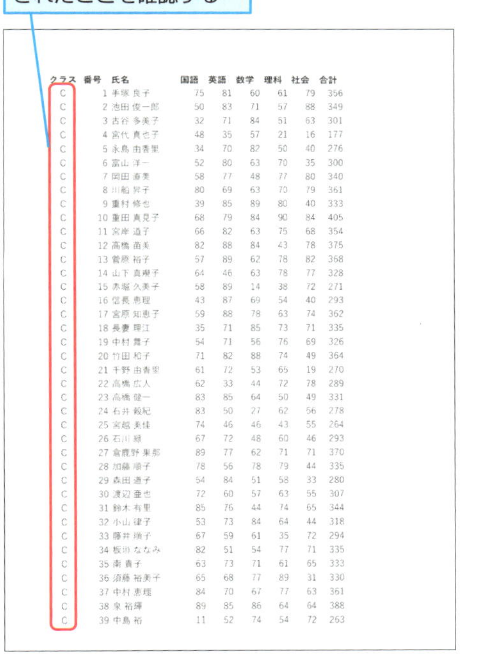

クラス	番号	氏名	国語	英語	数学	理科	社会	合計
C	1	手塚 良子	75	81	60	61	79	356
C	2	池田 俊一郎	50	83	71	57	88	349
C	3	古谷 多美子	32	71	84	51	63	301
C	4	宮代 真也子	48	35	57	21	16	177
C	5	永島 由香里	34	70	82	50	40	276
C	6	富山 洋一	52	80	63	70	35	300
C	7	岡田 直美	58	77	48	77	80	340
C	8	川船 昇子	80	69	63	70	79	361
C	9	重村 修也	39	85	89	80	40	333
C	10	重田 真見子	68	79	84	90	84	405
C	11	宮岸 道子	66	82	63	75	68	354
C	12	高橋 苗美	82	88	84	43	78	375
C	13	菅原 裕子	57	89	62	78	82	368
C	14	山下 真規子	64	46	63	78	77	328
C	15	赤堀 久美子	58	89	14	38	72	271
C	16	信長 恵理	43	87	69	54	40	293
C	17	宮原 知恵子	59	88	78	63	74	362
C	18	長妻 理江	35	71	85	73	71	335
C	19	中村 舞子	54	71	56	76	69	326
C	20	竹田 和子	71	82	88	74	49	364
C	21	千野 由香里	61	72	53	65	19	270
C	22	高橋 広人	62	33	44	72	78	289
C	23	高橋 健一	83	85	64	50	49	331
C	24	石井 毅紀	83	50	27	62	56	278
C	25	宮越 美佳	74	46	46	43	55	264
C	26	石川 緑	67	72	48	60	46	293
C	27	倉鹿野 果那	89	77	62	71	71	370
C	28	加藤 順子	78	56	78	79	44	335
C	29	森田 道子	54	84	51	58	33	280
C	30	渡辺 亜也	72	60	57	63	55	307
C	31	鈴木 有里	85	76	44	74	65	344
C	32	小山 律子	53	73	84	64	44	318
C	33	藤井 瑞子	67	59	61	35	72	294
C	34	板垣 ななみ	82	51	54	77	71	335
C	35	南 貴子	63	73	71	61	65	333
C	36	須藤 裕美子	65	68	77	89	31	330
C	37	中村 恵理	84	70	67	77	63	361
C	38	泉 裕輝	89	85	86	64	64	388
C	39	中島 裕	11	52	74	54	72	263

Hint!

マクロを修正したら実行結果を確認をする

このレッスンでは、「成績表からクラスBのデータを抽出して印刷する」という機能を記録したマクロを編集しています。手順2で「B」を「C」と書き換えるだけで、クラスCのデータが抽出され、印刷が実行されるマクロが完成します。VBEでマクロの内容を変更した後は手順5～6のように必ずマクロを実行して、正しく動作するかを確認しておきましょう。

Point マクロの修正がプログラミングの近道

VBEを使えば、記録したマクロの修正が簡単にできます。コードを最初からすべて自分で記述することもできますが、マクロの記録を使って自動的に作成されたコードをほんの少し修正したり、ちょっと命令を追加したりすれば簡単にマクロの内容を変えることができるのです。VBAを利用したプログラミングは、記録したマクロに修正を加えたり、別の命令を追加したりすることから始めるといいでしょう。

レッスン 15

VBEを素早く起動できるようにするには

[開発] タブ

VBEを起動するたびに［マクロ］ダイアログボックスにある［編集］ボタンをクリックするのは面倒です。VBEを素早く起動するための準備をしておきましょう。

サンプル ［開発］タブ.xlsm

1 ［Excelのオプション］ダイアログボックスを表示する

［[開発] タブ.xlsm］をExcelで開いておく

1 ［ファイル］タブをクリック

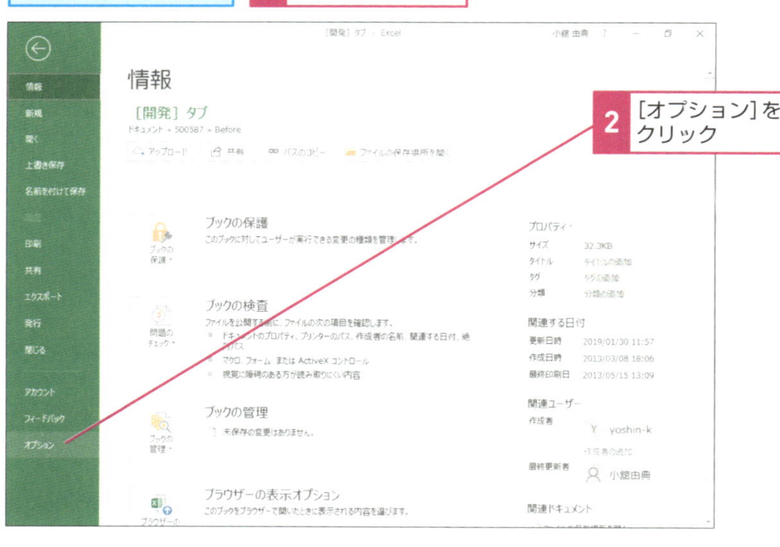

第4章 VBAの基本を知る

2 [開発] タブをリボンに表示する

[Excelのオプション] ダイアログボックスが表示された

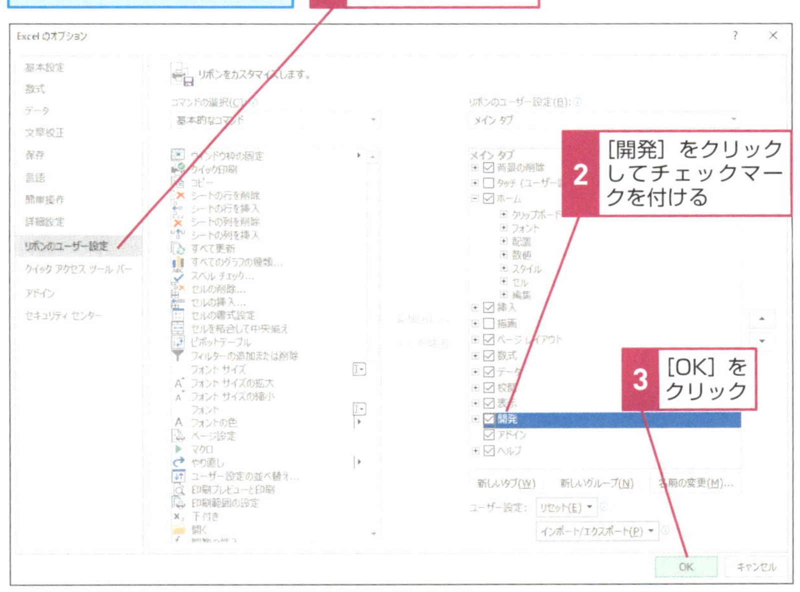

3 VBEを起動する

[開発] タブがリボンに表示された

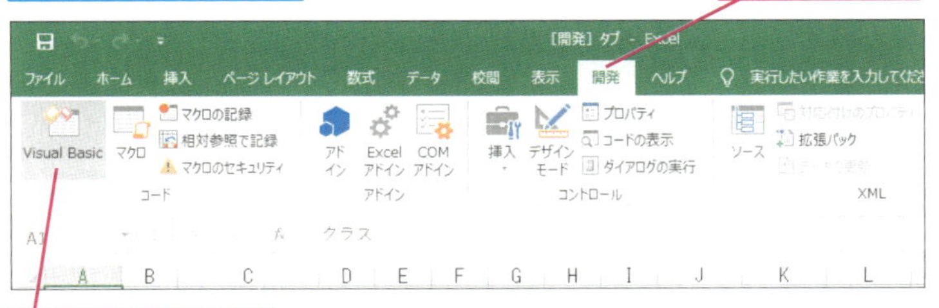

次のページに続く

4 VBEを起動できた

VBEが起動した

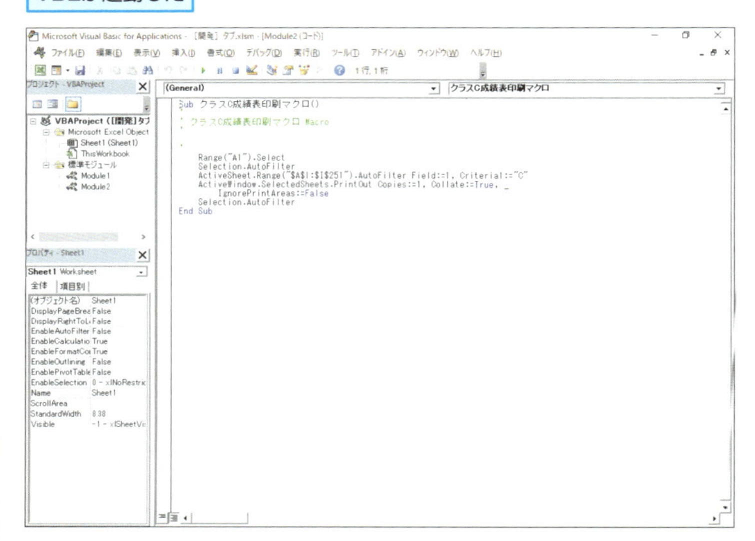

Point VBEを使用する前にタブやツールバーを表示しておく

標準の状態ではVBEを起動するためのメニューがExcelの画面に用意されていません。VBEを起動するには［開発］タブを利用します。なお、［開発］タブや［Visual Basic］ツールバーは同様の手順で非表示にすることもできます。VBEでコードの編集や作成をするときは、このレッスンの操作でVBEを素早く起動させるためのメニューを表示しておきましょう。

Hint!

[Excelのオプション] ダイアログボックスを素早く表示するには

手順1では [情報] の画面から [Excelのオプション] ダイアログボックスを表示していますが、リボンのタブを右クリックして [リボンのユーザー設定] をクリックすると、[Excelのオプション] ダイアログボックスの [リボンのユーザー設定] を表示できます。

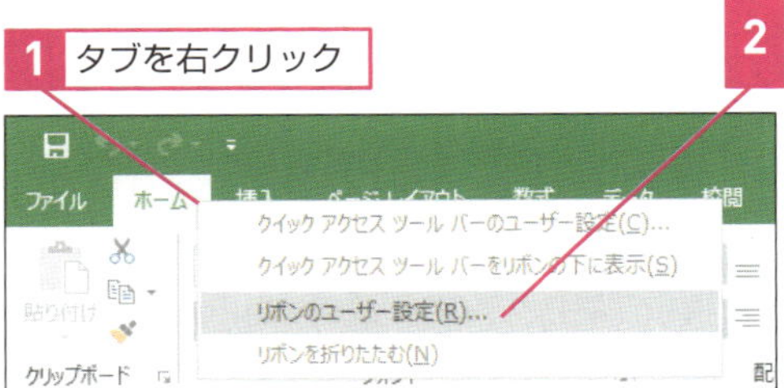

Hint!

VBEをワンクリックで起動できる

[開発] タブが表示されていればVBEを簡単に表示できますが、クイックアクセスツールバーにVisual Basicのボタンを追加すると、ワンクリックでVBEを起動できて便利です。

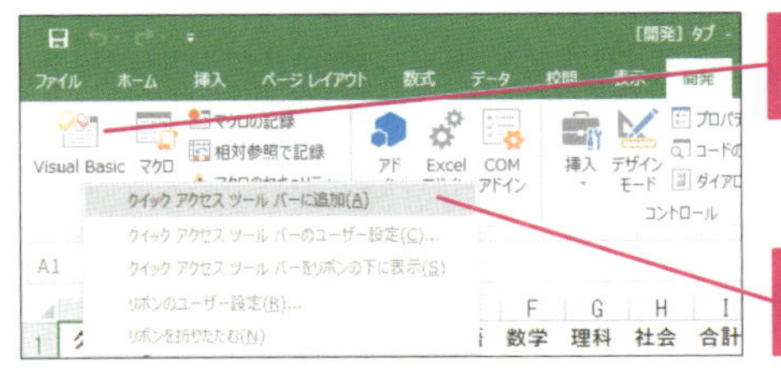

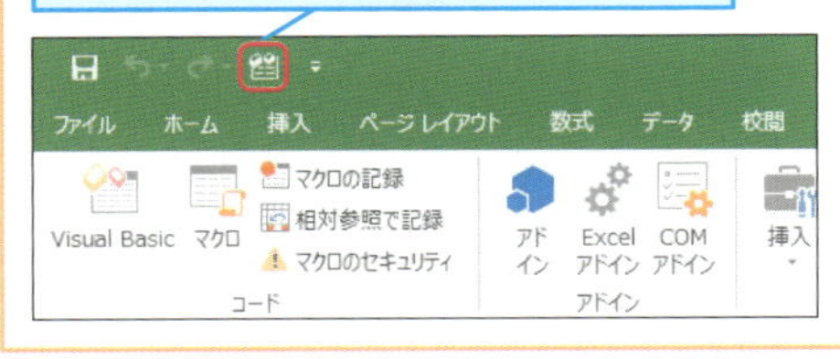

ステップアップ！

複数のブックを開いているときは

複数のブックを開いているときにVBEを起動すると、プロジェクトエクスプローラーには複数のオブジェクトが表示されます。[VBAProject（ブック名）] と太字で表示されている項目が1つ1つのブックのオブジェクトになります。

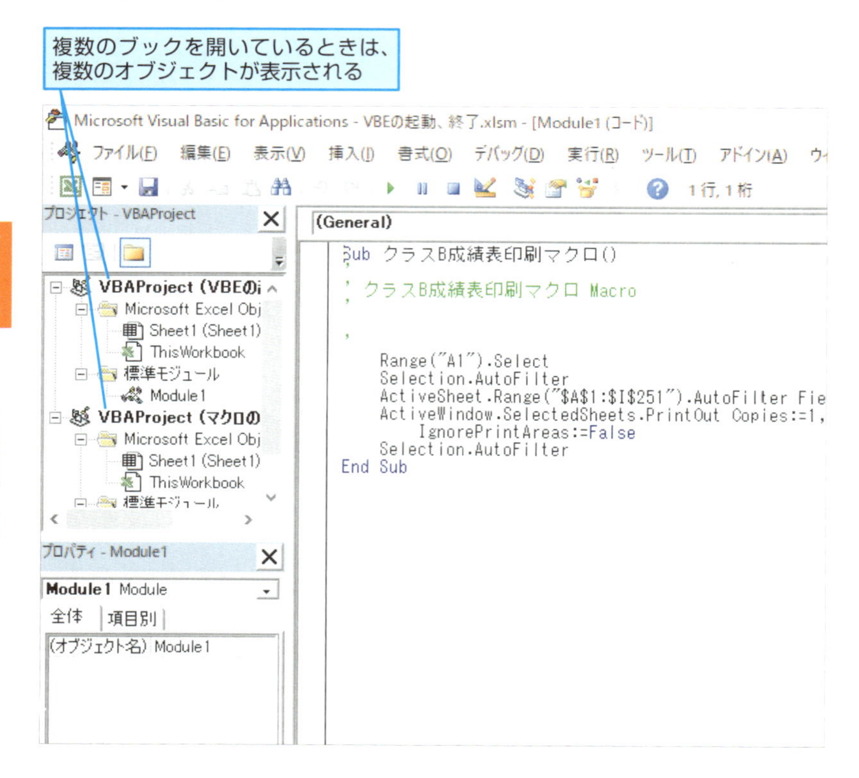

第5章

VBAを使ってセルの内容を操作する

この章では、VBAの構文や「プロパティ」や「メソッド」という命令の構成など、コードの記述方法を解説します。さらに、実際にコードを記述して、セルの内容を操作する方法も紹介します。VBEを使ったプログラミングの第一歩となるので、しっかりと理解しましょう。

レッスン
16

VBAの構文を知ろう

VBAの構文

コードの意味を理解するために、VBAの基本的な構文を理解しましょう。このレッスンでは、オブジェクトと操作や処理の命令について解説します。

一般的なVBAの構文

VBAのプログラムは、構文に沿ってコードを記述する必要があります。セルを選択したり、フォントの色を変更したりするには、操作の対象と命令を「.」(ピリオド)で区切って記述します。VBAでは、Excelのブックやワークシート、セル、さらにセルのフォントや背景色など、命令の対象となるものをオブジェクトと呼びます。また、オブジェクトに対する操作の命令をメソッド、オブジェクトの情報の参照や設定を行う命令をプロパティと呼びます。

●構文の記述例

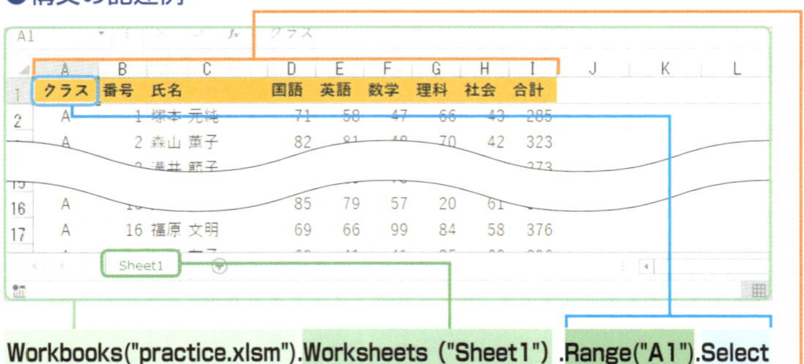

Workbooks("practice.xlsm").Worksheets ("Sheet1") .Range("A1").Select
ブック[practice.xlsm]の ワークシート[Sheet1]の セルA1 を選択する

Workbooks("practice.xlsm").Worksheets ("Sheet1") .Range("A1: I 1").Interior.ColorIndex
ブック[practice.xlsm]の ワークシート[Sheet1]の セルA1～I 1の 背景色

操作の命令「メソッド」

メソッドとは、ワークシートやセルなどのオブジェクトに対する操作の命令のことです。VBAではセルの選択やコピーなど、さまざまな操作を指定できますが、対象となるオブジェクトを正確に記述できるのがポイントです。

●メソッドの記述例

オブジェクト	.	メソッド
オブジェクトを		○○する
Range("A1")	.	Select
セル A1	を	選択する
Range("B2")	.	Copy
セル B2	を	コピーする
Range("A1:E6")	.	PrintOut
セル A1～E6	を	印刷する

Hint!

オブジェクトによって選択できるメソッドが異なる

ここで紹介しているメソッドは、ほんの一例です。「Select」や「Copy」以外にも、さまざまなメソッドがありますが、操作の対象となるオブジェクトによって選択できるメソッドは異なります。

情報の参照や設定の命令「プロパティ」

プロパティとは、「属性」や「特性」という意味で、オブジェクトの状態を参照したり、値を設定したりするために利用します。プロパティで扱える内容は、セルの内容や背景色、フォントサイズなどさまざまです。

●プロパティの記述例

オブジェクト	.	プロパティ
オブジェクトの		○○
Range("A1")	.	Font.FontSize
セル A1	の	フォントサイズ
Range("B2")	.	Interior.ColorIndex
セル B2	の	背景色
Range("D4")	.	Interior.Pattern
セル D4	の	背景のパターン

レッスン 17

セルやセル範囲の指定をするには

Rangeプロパティ

VBAでセルやセル範囲を指定するには、Rangeプロパティを使います。Rangeプロパティは、いろいろな場面で利用するので使い方を覚えておきましょう。

Rangeプロパティ

Range（レンジ）プロパティは、1つのセルやセル範囲、行、列を表すときに使うプロパティであることを覚えておきましょう。セルやセル範囲は「"」でくくって指定します。例えば、セルB2を指定するときは「Range("B2")」と記述します。メソッドやそのほかのプロパティを利用する対象がセルやセル範囲の場合は、下の例のようにRangeプロパティを使います。

●1つのセルを表す

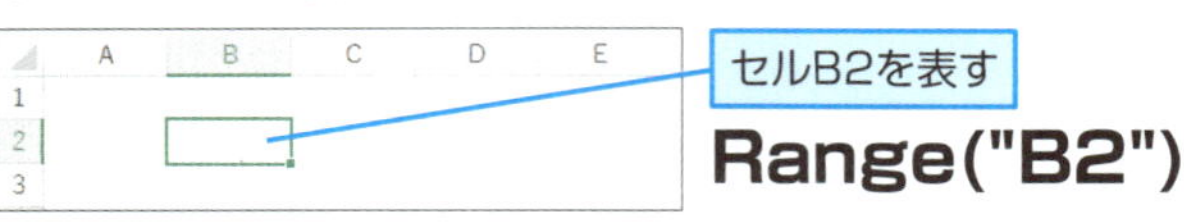

●セル範囲を表す

●行全体を表す

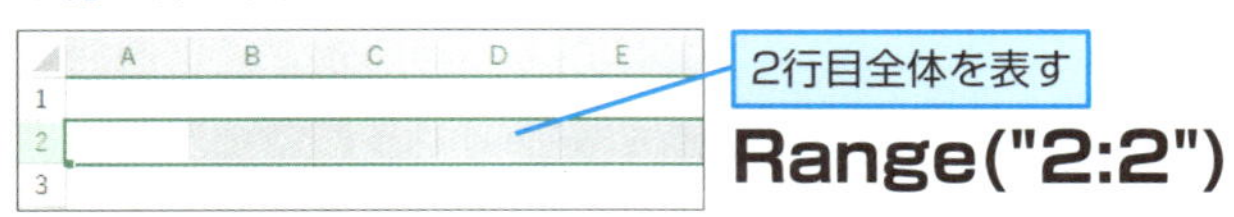

●列全体を表す

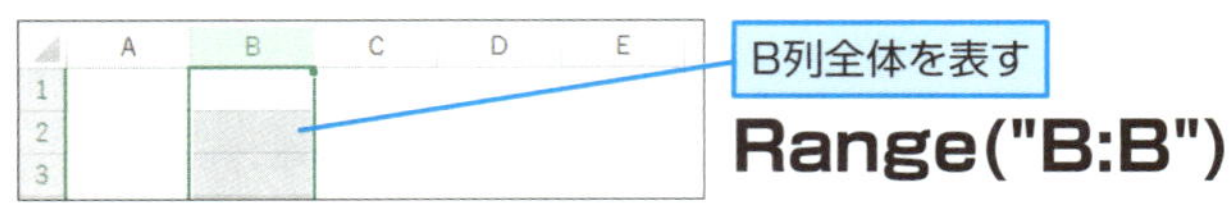

Rangeプロパティの利用例

Rangeプロパティは、指定したセルのフォントや書式の変更、印刷など、セルやセル範囲を対象とした操作を指定するときに利用します。なお、ここで紹介するRangeプロパティの利用例以外にもさまざまなものがあります。

●メソッドとの組み合わせ

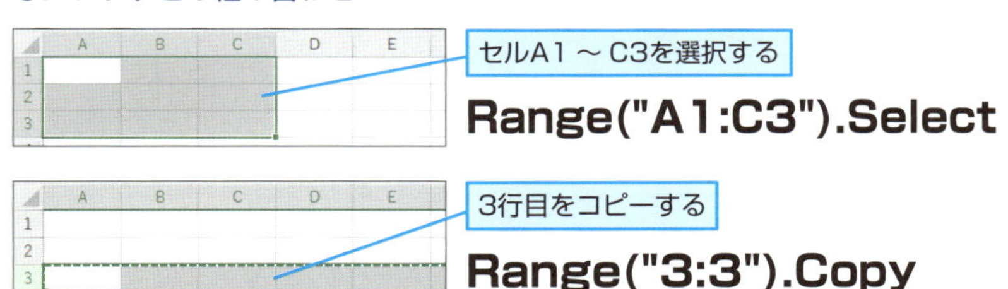

●プロパティとの組み合わせ

Hint!

値を設定するには「=」を使う

プロパティを利用して値を設定するには「=」（イコール）を使います。数学で利用する等号とは意味が異なり、「『=』を挟んで左辺に右辺の値を設定する」という意味になります。

レッスン
18

VBEでコードを記述する準備をするには

変数の宣言を強制する

VBEでコードを記述する前に、VBEの設定を変更しておきましょう。VBEでコードを記述するための重要な設定なので、忘れないようにしてください。

サンプル 変数の宣言を強制する.xlsx
ショートカットキー Alt + F11 …… ExcelとVBAの表示切り替え

1 VBEを起動する

[変数の宣言を強制する.xlsx] をExcelで開いておく

1 [開発] タブをクリック

2 [Visual Basic] をクリック

間違った場合は?
手順1でリボンに [開発] タブが表示されていないときは、レッスン15を参考にして [開発] タブを表示します。

2 [オプション] ダイアログボックスを表示する

VBEが起動した

1 [ツール]をクリック

2 [オプション]をクリック

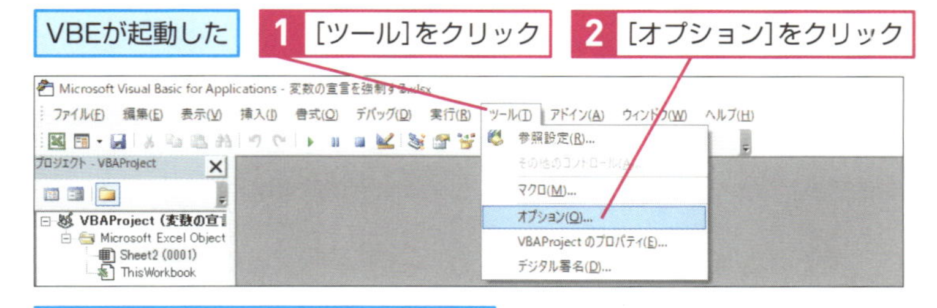

プロパティウィンドウとプロジェクトエクスプローラーが表示された

第5章 VBAを使ってセルの内容を操作する

3 コードの設定を変更する

[オプション] ダイアログボックスが表示された

変数の宣言を強制するようにVBEの設定を変更する

1 [編集] タブをクリック

2 [変数の宣言を強制する] をクリックしてチェックマークを付ける

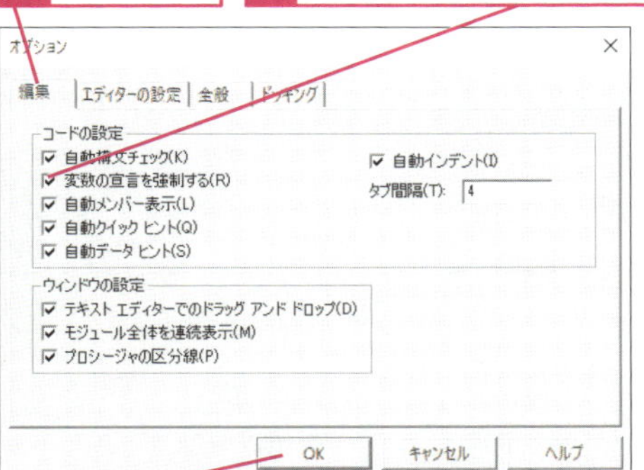

3 [OK] をクリック

VBEの設定が変更された

[表示 Microsoft Excel] をクリックしてExcelに切り替えておく

Hint! 「変数の宣言」って何？

変数とは、データを格納できる入れ物と考えてください。コードの中で変数を使うときは、あらかじめコードの先頭部分に、使用する変数の名前や種類（型）を記述しておきます。これを変数の宣言といいます。詳しくは、レッスン28を参照してください。

Point 変数の宣言は必ず強制しておく

このレッスンでは [変数の宣言を強制する] という項目を有効に設定しました。これは、第7章以降で解説する変数に関する重要な設定です。変数とはデータを格納しておく入れ物のことで、宣言をしなくても任意に作成できますが、むやみに作成してしまうと、コードが分かりにくくなってしまいます。さらに、マクロが正常に動作しない原因にもなりかねないため、必ず変数の宣言をするように設定しておきます。また、このレッスンで設定すると、新規に追加したモジュールの先頭に「Option Explicit」というコードが自動で挿入されます。

レッスン 19

新しくモジュールを追加するには

モジュールの挿入

レッスン12で紹介したようにVBAのコードはモジュールに記述します。初めてコードを記述するときは、ブックに新しくモジュールを追加する必要があります。

サンプル モジュールの挿入.xlsx

1 ブックを選択する

[モジュールの挿入.xlsx]をExcelで開いておく

レッスン18を参考にVBEを起動しておく

モジュールの挿入先のブックを選択する

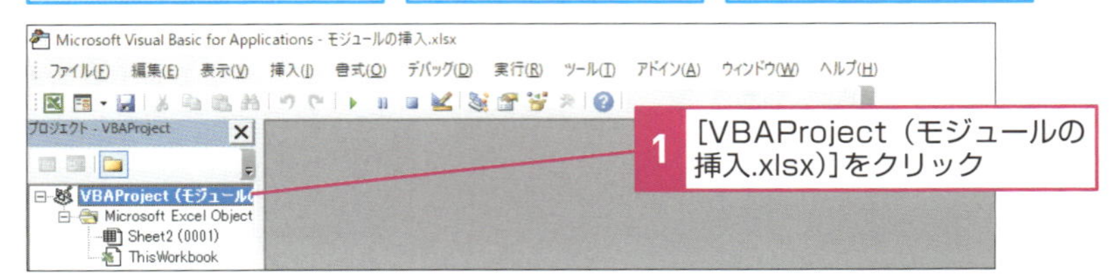

1 [VBAProject (モジュールの挿入.xlsx)]をクリック

Hint! 不要なモジュールを削除するには

間違えて挿入したり使わなくなったりしたモジュールは必要に応じていつでも削除できます。モジュールを削除するには以下のように操作します。表示されたダイアログボックスで、[はい] ボタンをクリックすると、モジュールの内容をファイルに書き出せるので、後からメモ帳などで内容を確認できます。

削除するモジュールを選択しておく

1 [ファイル]をクリック

2 [(モジュール名)の解放]をクリック

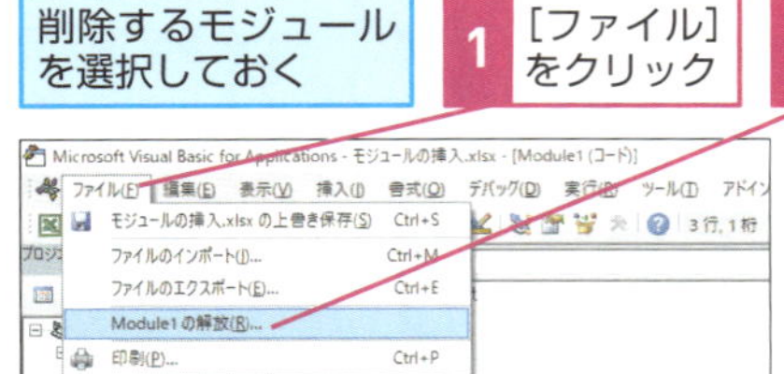

表示されるダイアログボックスで[いいえ]をクリックするとモジュールが削除される

第5章 VBAを使ってセルの内容を操作する

2 モジュールを挿入する

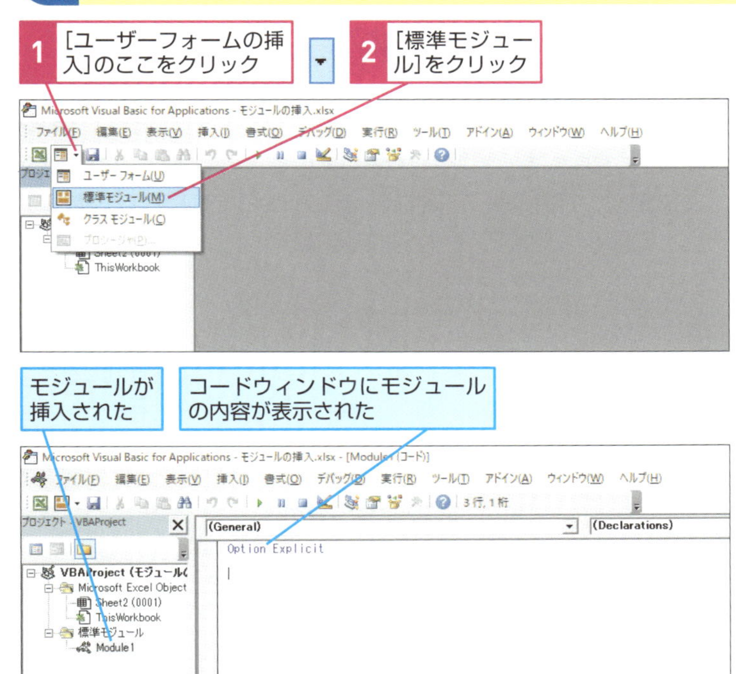

Point 作業のまとまりごとにモジュールを分けよう

モジュールとはコードを収納するために用意されている場所のことで、VBAでマクロを作成するときは、モジュールにコードを記述します。マクロの記録で作成されたコードも、このモジュールに記述されます。マクロの記録時にモジュールがないときは自動的に挿入されます。モジュールではワープロのように自由に文字が書けますが、ここはコードを記述する場所なので、VBAの命令などを規則に沿って記述しなければなりません。

レッスン 20

セルに今日の日付を入力するには

Valueプロパティ、Date関数

実際にVBEを使ってマクロを作成してみましょう。このレッスンでは、RangeプロパティとValueプロパティを使ってセルに値を設定するコードを記述します。

サンプル　Valueプロパティ、Date関数.xlsx

ショートカットキー　Alt＋F8……［マクロ］ダイアログボックスの表示
Alt＋F11……ExcelとVBAの表示切り替え

作成するマクロ

Before

請求書番号	1900010001
請求日	
株式会社　大野電	
東京都千代田区神	
TEL 03-6837-XXXX	
FAX 03-6837-XXXX	

セルに今日の日付を表示する

After

請求書番号	2019010001
請求日	2019/1/17
株式会社　大野電気	
東京都千代田区神田	
TEL 03-6837-XXXX	
FAX 03-6837-XXXX	

今日の日付が入力された

プログラムの内容

```
1 Sub 請求日設定()
2     ActiveSheet.Range("G4").Value = Date
3 End Sub
```

【コード全文解説】

1 ここからマクロ［請求日設定］を開始する
2 アクティブシートのセルG4の値に今日の日付を設定する
3 マクロを終了する

マクロの作成

1 マクロを開始する位置にカーソルを移動する

[Valueプロパティ、Date関数.xlsx]をExcelで開いておく

レッスン19を参考にしてモジュールを追加しておく

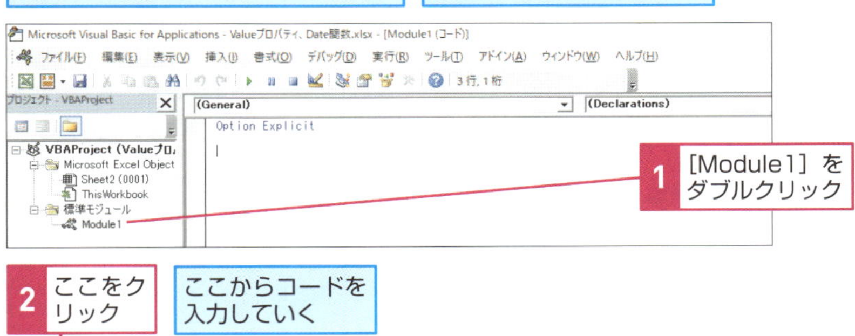

2 ここをクリック

ここからコードを入力していく

```
Option Explicit

|
```

3 カーソルが移動した位置から以下のように入力

◆Sub ○○
マクロの開始の宣言と、マクロ名を設定する。「これから○○という名前のマクロを開始します」という意味

sub␣請求日設定

```
Option Explicit

sub 請求日設定|
```

4 Enter キーを押す

自動的に「s」が大文字になった

自動的に「( )」が付いた

```
Sub 請求日設定()
|
End Sub
```

自動的に「End Sub」が入力された

◆End Sub
マクロの終わりを意味する。「Sub ○○で開始したマクロはここまでです」という意味

次のページに続く

2 ActiveSheetプロパティを入力する

コードを見やすくするために行頭を字下げする

1 Tab キーを押す

```
Sub 請求日設定()
    |
End Sub
```

行頭が字下げされた

ここからは半角で入力する

半角/全角キーを押して、入力モードを[半角英数]に切り替えておく

2 カーソルが移動した位置から以下のように入力

```
activesheet.
```

◆ActiveSheet
アクティブシート(そのとき表示されているシート)を表す

3 Rangeプロパティを入力する

```
Sub 請求日設定()
    activesheet.|
End Sub
```

1 カーソルが移動した位置から以下のように入力

◆Range ("○○")
セルの範囲を表すプロパティ。「○○」にはセルやセル範囲を指定する

```
range ("G4").
```

Hint!

Tab キーを押すのはなぜ?

手順2で Tab キーを押しているのは、コードの行頭に字下げ(インデント)を設定するためです。字下げを設定しなくても、コード内容が間違いになることはありません。詳しくはレッスン22で解説しますが、処理のまとまりで字下げしておいた方が、コードが見やすくなります。

Hint!

コードは小文字で入力する

コードは英数字の小文字で記述した方が、コードの間違いにすぐに気付けます。正しいコードを記述していれば、自動的にプロパティなどの命令の頭文字が大文字に変換されたり、適切な位置に空白が挿入されたりします。もし、記述したコードが小文字のままであれば、コードの入力間違いの可能性があります。

Hint!

Valueプロパティって何?

Valueプロパティは、対象となるオブジェクトの値を表します。Valueプロパティはオブジェクトの値を設定したり取得したりするときに使用する命令で、レッスン17で解説したセルやセル範囲を表すRangeプロパティなどの命令と一緒に使用します。例えば、セルA1の値を知りたいときには「Range("A1").Value」と記述します。

4 Valueプロパティを入力する

```
Sub 請求日設定()
    activesheet.range("G4").
End Sub
```

1 カーソルが移動した位置から以下のように入力

◆Value = ○
選択したセルなどの値を設定するプロパティ。「○」には数値や文字列を入力できる

```
value=date
```

◆Date
その日の日付を表す関数。日付を入力しなくても、パソコンに設定されている日付を入力できる

2 ここをクリック

マクロの作成が終了した

```
Sub 請求日設定()
    ActiveSheet.Range("G4").Value = Date
End Sub
```

各語の頭文字が自動的に大文字になり、半角の空白で命令が区切られた

3 コードが正しく入力できたかを確認

次のページに続く

5 作成したマクロを保存する

マクロを保存する

1 ［上書き保存］をクリック

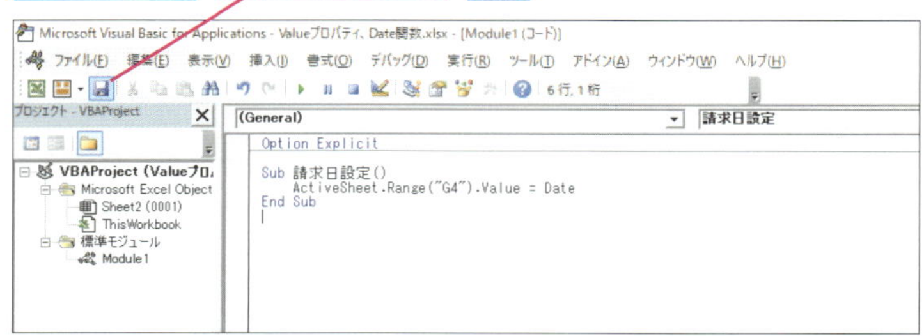

「次の機能はマクロなしのブックに保存できません」というメッセージが表示された

ここではマクロを含むブックとして保存する

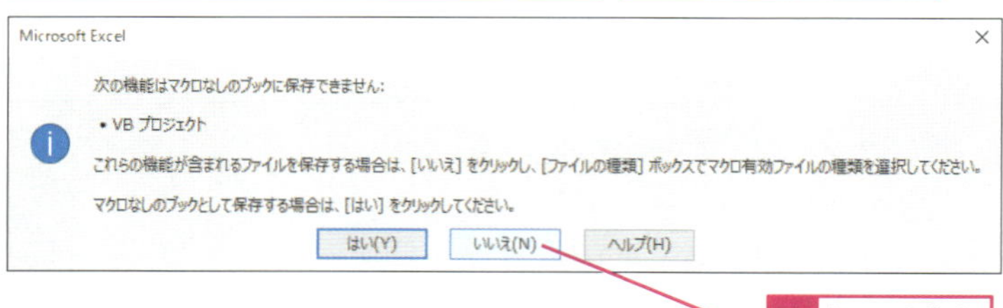

2 ［いいえ］をクリック

Hint!

VBAで日付データを入力するには

VBAのプログラムで特定の日付を日付データとして指定するときは、日付の前後に「#」を入力します。例えば「2019年1月17日」という日付を、VBAで日付のデータとして認識させる場合は「#2019/1/17#」と入力しましょう。入力を確定して Enter キーを押すと、「#1/17/2019#」と表示が変わり入力した内容が日付データとして認識されます。また、年号を省略して「#1/17#」と入力すると、パソコンの日付情報から現在の年号が補完され「#1/17/2019#」と表示されます。なお、確定した日付の表示形式が「月/日/年」となっているのは、Excelを開発したマイクロソフトがアメリカの会社のため、VBAの内部仕様としてアメリカで利用されている日付の「月日年」が表示順に採用されているためです。

Hint!

ブックを保存するときにダイアログボックスが表示される場合は

マクロを含んだブックを保存するときに、前ページ手順5のダイアログボックスが表示されることがあります。これは、マクロを含んでいるブックを初めて保存するときに表示されます。Excelでは、マクロが含まれるブックを保存するときは、ファイルの形式を［Excelマクロ有効ブック］形式で保存する必要があるためです。

6 ブック名を入力する

[名前を付けて保存]ダイアログボックスが表示された

保存先のフォルダーを選択しておく

1 「Valueプロパティ、Date関数_after」と入力

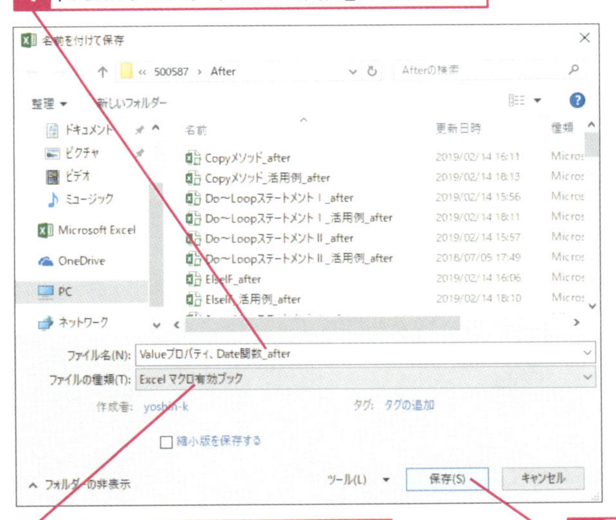

2 ［ファイルの種類］をクリックして[Excelマクロ有効ブック]を選択

3 ［保存］をクリック

次のページに続く

マクロの確認

7 Excelに切り替えてマクロを実行する

マクロを含んだブックが保存された

1 [表示 Microsoft Excel] をクリック

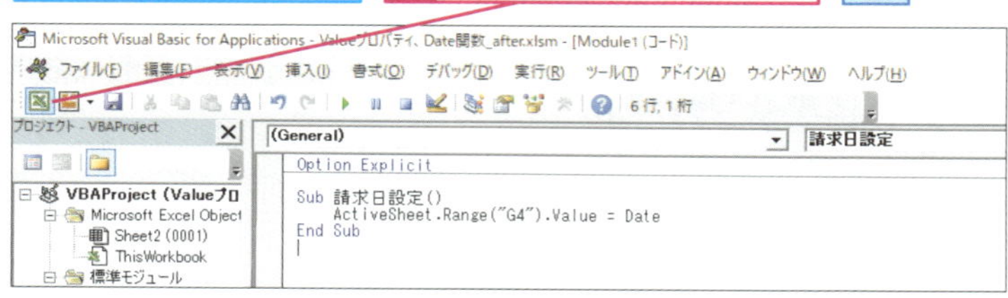

Excelに切り替わった

2 [開発] タブをクリック

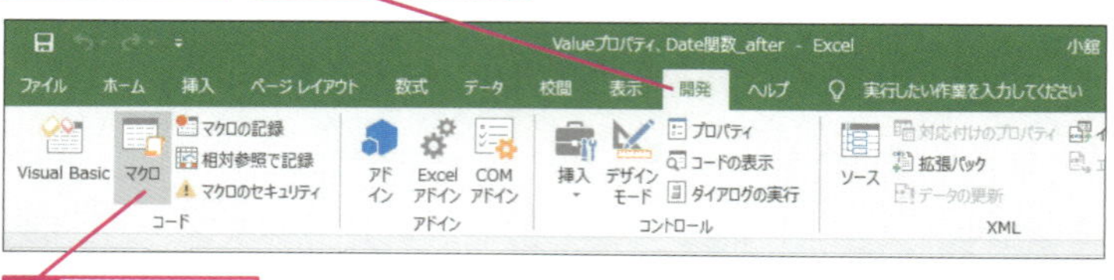

3 [マクロ] をクリック

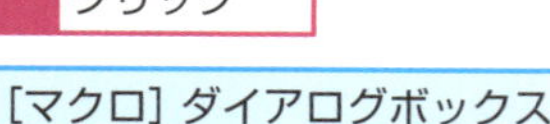

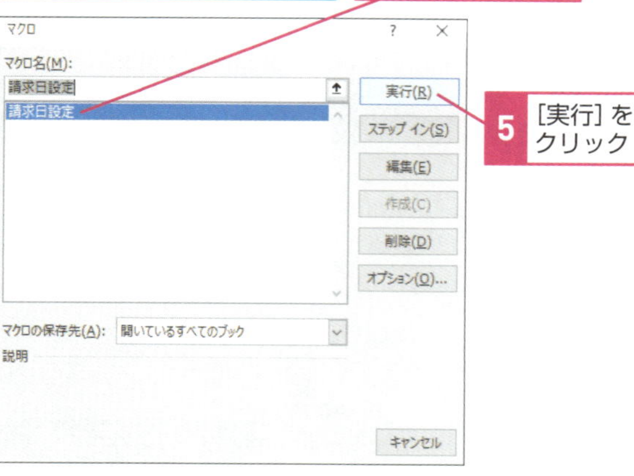

5 [実行] をクリック

8 マクロの実行結果を確認する

マクロが実行された

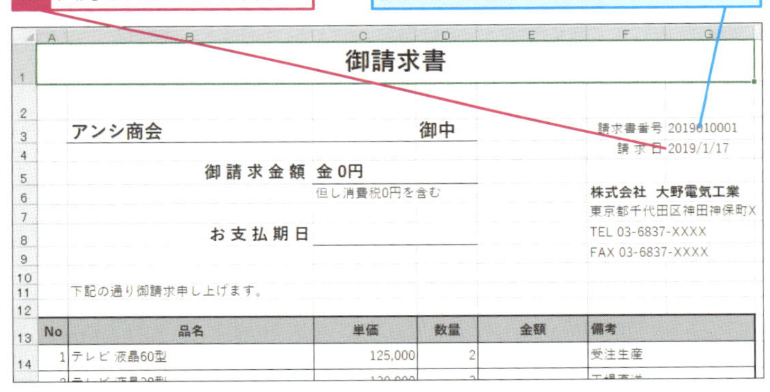

間違った場合は?

マクロが正しく実行されなかったときは、手順7の［マクロ］ダイアログボックスでマクロを選択した後、［編集］ボタンをクリックして、コードを修正します。

Point 値を設定するにはValueプロパティを使う

Valueプロパティを使うとセルに値を設定できます。このレッスンでは、セルを表すRangeプロパティを使って、セルG4に今日の日付を入力しました。値を設定するときには「=」を使い、左辺に設定するセル、右辺に設定する値を書きます。また、Rangeプロパティの前に「ActiveSheet」を付けて、「アクティブなシートのセル」ということを示しています。なお、Valueプロパティは、セルに値を設定する以外にも、セルに入力されている値を調べるときにも使用します。

レッスン 21

セルに計算した値を入力するには

Valueプロパティ、値の計算

今度はValueプロパティを使って、セルの値を取得し、別のセルの値に設定してみましょう。Valueプロパティを使えば計算結果をほかのセルに設定できます。

サンプル Valueプロパティ、値の計算.xlsx

ショートカットキー Alt ＋ F8 ……［マクロ］ダイアログボックスの表示

Alt ＋ F11 …… ExcelとVBEの表示切り替え

作成するマクロ

Before

支払期日として、セルG4で表示されている日付から2週間後の日付をセルC8に表示する

After

請求日から2週間後の日付を表示できる

プログラムの内容

```
1 Sub 支払期日設定()
2     ActiveSheet.Range("C8").Value = ActiveSheet.Range("G4").Value + 14
3 End Sub
```

【コード全文解説】

1 ここからマクロ［支払期日設定］を開始する

2 アクティブシートのセルC8の値にアクティブシートのセルG4の値＋14を設定する

3 マクロを終了する

第5章 VBAを使ってセルの内容を操作する

マクロの作成

1 マクロの開始を宣言する

[Valueプロパティ、値の計算.xlsm]をExcelで開いておく

レッスン15を参考にマクロをVBEで表示しておく

1 [Module1]をダブルクリック

2 ここをクリック

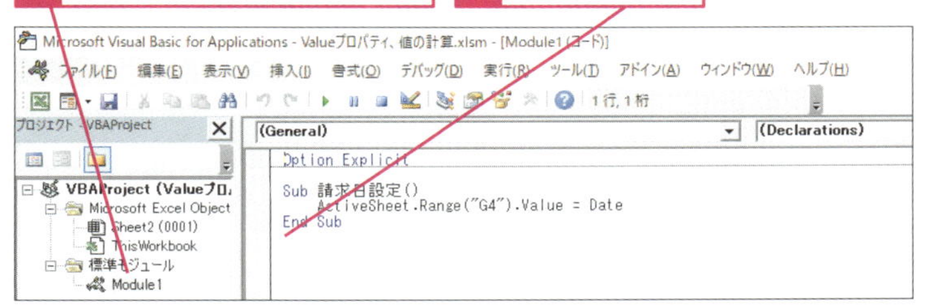

3 カーソルが移動した位置から以下のように入力

4 Enter キーを押す

sub␣支払期日設定

```
Sub 請求日設定()
    ActiveSheet.Range("G4").Value = Date
End Sub
sub 支払期日設定|
```

新しいプロシージャの開始位置を示す線が表示された

自動的に「( )」が付いた

```
Sub 請求日設定()
    ActiveSheet.Range("G4").Value = Date
End Sub
Sub 支払期日設定()
|
End Sub
```

Hint! 「プロシージャ」って何？

プロシージャとは、マクロを構成する最小の単位で、マクロで行う一連の処理のまとまりのことをプロシージャといいます。マクロの記録では、記録を開始してから終了するまでの操作が1つのプロシージャとして記録されます。

次のページに続く

2 セルの値を設定する

値を設定するセル(支払期日を表示するセル)を入力する

1 Tabキーを押す

```
Sub 請求日設定()
    ActiveSheet.Range("G4").Value = Date
End Sub
Sub 支払期日設定()
    |
End Sub
```

2 カーソルが移動した位置から以下のように入力

```
activesheet.range("C8").value=
```

設定する値(請求日+14日)を入力する

```
Sub 支払期日設定()
    activesheet.range("C8").value=|
End Sub
```

3 カーソルが移動した位置から以下のように入力

```
activesheet.range("G4").value+14
```

4 ここをクリック

各語の頭文字が自動的に大文字になり、半角の空白で命令が区切られた

```
Sub 支払期日設定()
    ActiveSheet.Range("C8").Value = ActiveSheet.Range("G4").Value + 14
End Sub
|
```

マクロの作成が終了した

5 コードが正しく入力できたかを確認

Hint!

マクロを含むブックを保存すると拡張子が変更される

Excelでマクロを含むブックを保存すると、ブックの拡張子が「.xlsx」から「.xlsm」に変更されます。これはセキュリティ強化のために、マクロウイルスなど悪意のあるマクロを含んだブックを安易に開いてしまわないようにするためです。

3 作成したマクロを保存する

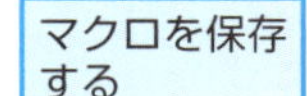

1 [上書き保存] をクリック

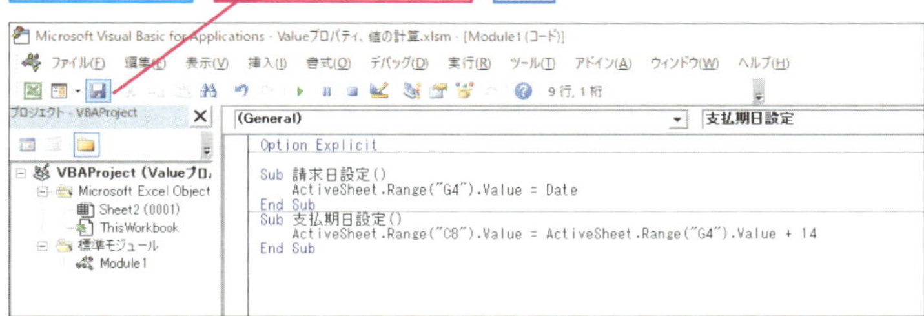

すでにマクロを含むブックとして保存してあるので、[名前を付けて保存] ダイアログボックスは表示されない

レッスン20を参考に、[支払期日設定] のマクロを実行しておく

4 作成したマクロを保存する

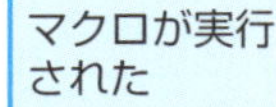

1 請求日から2週間後の日付が入力されたことを確認

2 [閉じる] をクリック

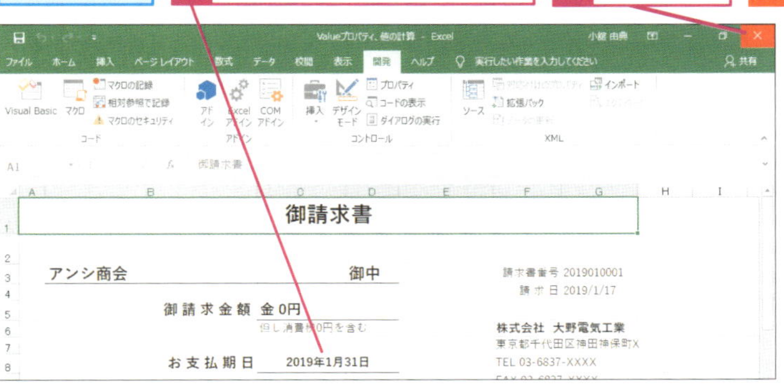

ブックを保存する

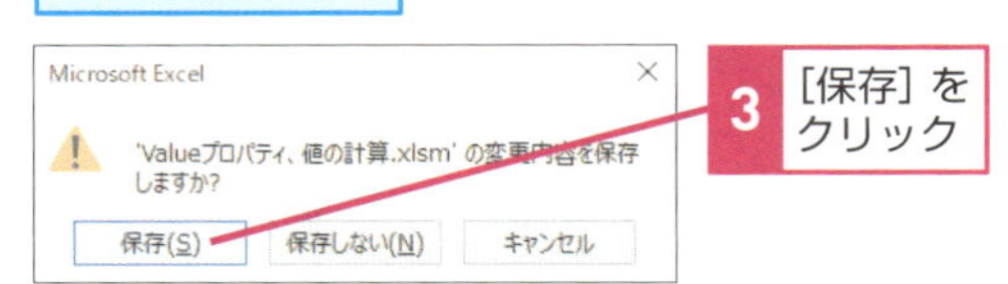

3 [保存] をクリック

ステップアップ！

[挿入] ボタンのアイコンは最後に選択したものになる

VBEを起動した直後の［挿入］ボタンのアイコンは［ユーザーフォームの挿入］（）になっています。一度［標準モジュール］を選択すると、次からはアイコンが［新しい標準モジュール］（）に変わり、次にほかのものを選択するまで、［新しい標準モジュール］ボタンをクリックするだけでモジュールを挿入できます。

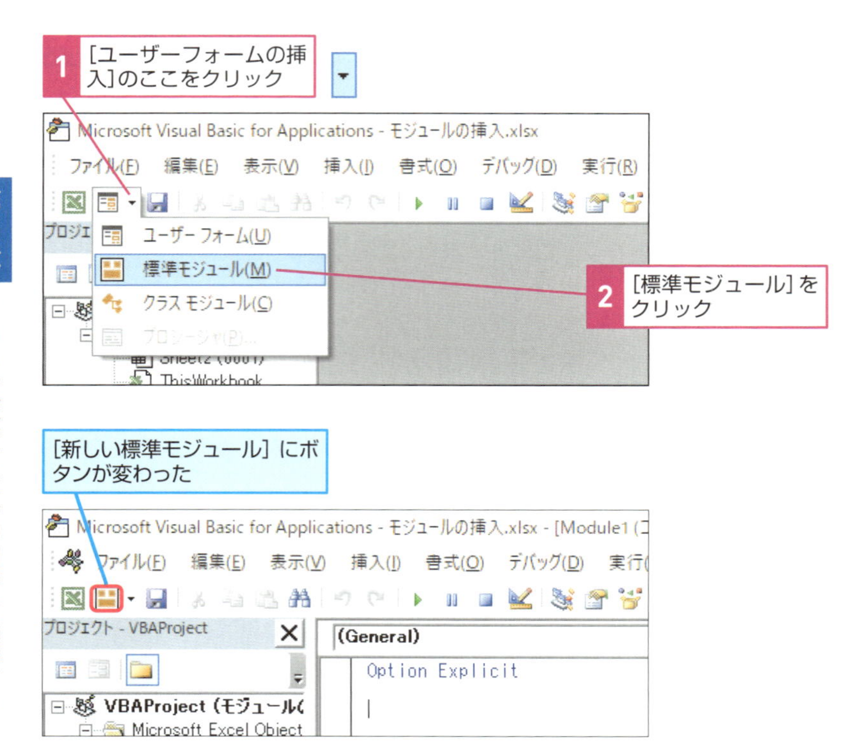

第6章

VBAのコードを見やすく整える

この章では、VBAでプログラミングするとき、より効率的に見やすいコードを記述する方法を紹介します。マクロの動作に影響はありませんが、見やすいコードにするのは大切なことです。しっかりと理解して、身に付けておきましょう。

レッスン 22

コードを見やすく記述するには

インデント、分割、省略

コードを記述するときには、できるだけ見やすくすることが大切です。このレッスンでは、インデントの設定や行の分割、重複個所の省略について解説します。

インデントの設定

VBAのコードを分かりやすく記述するには、インデント（字下げ）の設定が重要です。例えば、第7章以降で解説するような、マクロの繰り返し（ループ）などの複雑なコードの場合、どこまでが処理の区切りなのかが分かりにくくなります。インデントを設定しなくても、コードの動作に影響はありませんが、コードを見やすくするために、Tabキーを押してコードにインデントを設定しておきましょう。

インデント（字下げ）を設定すれば、処理の区切りが分かりやすくなる

複数の処理を連携している場合は、処理の中でさらにインデントを設定しておく

```
Do Until ActiveCell.Offset(0, -1).Value = ""
    With ActiveCell
        .Value = .Offset(0, -2).Value _
          * .Offset(0, -1).Value
        .Offset(1, 0).Select
    End With
Loop
```

Hint!

インデントは簡単に戻せる

インデントを設定するとき、Tabキーを押しすぎてしまったときは、Shift＋Tabキーを押してインデントのレベルを、1つずつ戻しましょう。

「_」を入力するには

行分割のための記号「_」（アンダーバー）を入力するには、Shift キーを押しながらキーボード右下の ろ キーを同時に押します。

Hint!

ステートメントにはインデントが必須

左の例にある「Do～Loop」や「With～End With」はステートメントと呼ばれる命令です。ステートメントとは、同じ処理の繰り返しやコードの省略など、主に処理の流れを制御するもので、オブジェクトの操作とは関係のない命令になります。ステートメントを記述する際には、コードを見やすくするためにインデントの設定が重要になります。

行の分割

基本的にVBAのコードは1行で記述するため、複数のセルを参照して1行が長くなることがあります。このようなときは、行を分割して見やすくしましょう。半角の空白と「_」（アンダーバー）を組み合わせて行の途中に挿入すれば、1行を複数の行に分けて記述できます。ただし、行を分割できるのは「.」や「=」、「,」の前後になります。例えば、「Range("A1")」のコードを「Ra」と「nge("A1")」のようには分割できません。

```
Range("A1").Value _
  = Range("B2").Value * Range("C2").Value
```

半角の空白と「_」を続けて入力すれば、複数の行が1行と見なされる

次のページに続く

重複個所の省略

ワークシートやセルなどを操作する処理では、「ActiveSheet」などのプロパティを何回も記述することがあります。コードが分かりにくい上、間違いの原因にもなるので、Withステートメントを使って、重複個所を省略しておくといいでしょう。「With」と「End With」でくくられるまとまりがWithステートメントになります。Withステートメント内で、省略したプロパティなどを記述するときは「.」から入力しましょう。詳しくは、レッスン23で解説します。

「ActiveSheet」を省略して入力できる範囲は、「With」と「End With」の間のみになる

```
With␣ActiveSheet
     .Range("B2").Value␣=␣.Range("B3").Value
     .Range("C3").Value␣=␣3
End␣With
```

省略する個所は「.」から入力する

Hint!

プロパティの一部は省略できない

複数のプロパティを指定する場合、プロパティの一部分は省略できません。例えば、「ActiveSheet.Range("A1").Select」の「Range("A1")」を省略しようとして、「With Range("A1")」と「End With」でくくって「ActiveSheet..Select」とは入力できないので気を付けましょう。

コメントの挿入

コメントとは、コードの説明文です。モジュール内のどこにでも記述でき、マクロの実行時には無視されるので動作には影響しません。詳細なコメントがあれば、コードを後から見直すときや修正するときなどに役立ちます。例えば、プロシージャの先頭にはマクロ全体の概要、コードの途中にはその処理の説明などを記述します。第7章以降では、さらに複雑なコードを紹介するので、コメントの重要性がよく分かると思います。なお、本書ではコメントを記述する手順を紹介していませんが、[After] フォルダーのサンプルに処理の内容を細かく記述しています。

処理の内容をコメントしておけば、コードを後から見直すときや修正するときに役立つ

```
' レッスン22
'
' 見積発行日の設定マクロ
'
Sub␣発行日設定()

    'セルG4（見積発行日）に今日の日付を代入
    ActiveSheet.Range("G4").Value␣=␣Date
End␣Sub
```

Hint! マクロを実行するとコメントや空行は無視される

コメントや空行、インデントの空白はマクロの実行時にすべて無視されます。プログラムを読みやすくするためにコメントを詳細に記述しても動作には影響がないので、できるだけ分かりやすいコメントを記述しておくように心がけましょう。本書では、完成例の練習用ファイルを［After］フォルダーに用意しています。[After] フォルダーの練習用ファイルをVBEで開き、コメントを確認してください。

レッスン
23
コードの一部を省略するには
Withステートメント

レッスン22で解説したWithステートメントを実際に使ってみましょう。このレッスンでは、Withステートメントを使って「ActiveSheet」プロパティを省略します。

サンプル Withステートメント.xlsm
ショートカットキー Alt ＋ F11 …… ExcelとVBAの表示切り替え

作成するマクロ

Before

```
Sub 支払期日設定()
    ActiveSheet.Range("C8").Value = ActiveSheet.Range("G4").Value + 14
End Sub
```

先頭の「ActiveSheet」が同じなので省略する

After

省略する部分を「With」の後ろに入力する

```
Sub 支払期日設定_2()
    With ActiveSheet
        .Range("C8").Value = .Range("G4").Value + 14
    End With
End Sub
```

「With ActiveSheet」と「End With」の間で「ActiveSheet」を省略できる

省略した部分は「.」から入力する

プログラムの内容

```
1 Sub␣支払期日設定_2()↵
2 Tab With␣ActiveSheet↵
3 Tab Tab .Range("C8").Value␣=␣.Range("G4").Value␣+␣14↵
4 Tab End␣With↵
5 End␣Sub
```

【コード全文解説】

1 ここからマクロ［支払期日設定_2］を開始する
2 以下の構文の文頭にある「ActiveSheet」を省略する（Withステートメントを開始する）
3 （アクティブシートの）セルC8の値に（アクティブシートの）セルG4の値＋14を設定する
4 Withステートメントを終了する
5 マクロを終了する

1 マクロの開始を宣言する

［Withステートメント.xlsm］をExcelで開いておく

レッスン15を参考にマクロをVBEで表示しておく

1 ［Module1］をダブルクリック

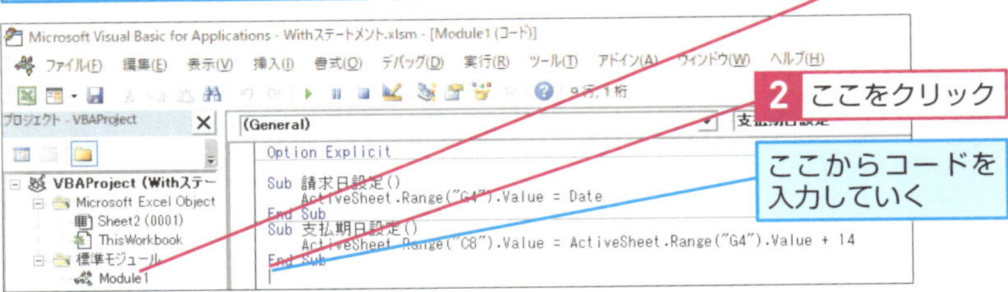

2 ここをクリック

ここからコードを入力していく

3 カーソルが移動した位置から以下のように入力

4 Enter キーを押す

```
sub␣支払期日設定_2
```

```
End Sub
Sub 支払期日設定_2()
|
End Sub
```

プロシージャの区切りを表す線が表示された

自動的に「( )」が付いた

次のページに続く

2 Withステートメントを入力する

1 Tab キーを押す

```
Sub 支払期日設定_2()
    |
End Sub
```

2 カーソルが移動した位置から以下のように入力

3 Enter キーを押す

```
with_activesheet
```

◆With ○○
「With ○○」と「End With」の間は、「○○」の部分を省略できる

「With」の文字が青色に変わった

```
Sub 支払期日設定_2()
    With ActiveSheet
    |
End Sub
```

3 「.」を入力する

コードを見やすくするために行頭を字下げする

1 Tab キーを押す

```
Sub 支払期日設定_2()
    With ActiveSheet
        |
End Sub
```

2 カーソルが移動した位置から以下のように入力

「ActiveSheet」の部分が省略されるので「.」から入力する

```
.range("C8").value=
```

Hint!

操作対象を考えれば省略する部分を把握できる

コードを入力するときは、まず「操作を行いたい対象が何か」ということを考えながら入力しましょう。この先何を対象にどのような操作を行うかということをイメージしておけば、Withステートメントを使う場所や省略する部分を把握できます。

Hint!

省略せずに入力できる

Withステートメント内では、「.」で始まる語はその前に宣言した部分が省略されていることを表しますが、「ActiveSheet.Range("C8")」のように、省略されている部分をステートメント内で入力しても問題ありません。

Hint!

インデントの間隔を変えるには

Tab キーを押すごとに移動するインデントの間隔は、自由に変更できます。メニューの［ツール］-［オプション］をクリックして［オプション］ダイアログボックスを表示します。次に［編集］タブにある［タブ間隔］の値を変えると、Tab キーを押したときのインデントの間隔を変更できます。

4 セルの値を設定する

「ActiveSheet」の部分が省略されるので手順3と同様に「.」から入力する

```
Sub 支払期日設定_2()
    With ActiveSheet
        .range("C8").value=
End Sub
```

1 カーソルが移動した位置から以下のように入力

2 Enter キーを押す

```
.range("G4").value+14
```

間違った場合は?

コードを半角の小文字で入力しているとき、Enter キーを押して改行しても入力したコードの頭文字が大文字に変わらないときは、入力したコードが間違っている場合があります。もう一度よく確認してみましょう。

次のページに続く

5 Withステートメントを終了する

各語の頭文字が自動的に大文字になった

「ActiveSheet」を省略するのはここまでなので、インデントのレベルを1つ戻す

1 Back space キーを押す

```
Sub 支払期日設定_2()
    With ActiveSheet
        .Range("C8").Value = .Range("G4").Value + 14
        |
End Sub
```

カーソルがここに移動した

```
Sub 支払期日設定_2()
    With ActiveSheet
        .Range("C8").Value = .Range("G4").Value + 14
    |
End Sub
```

2 カーソルが移動した位置から以下のように入力

```
end␣with
```

3 ここをクリック

マクロの作成が終了した

```
Sub 支払期日設定_2()
    With ActiveSheet
        .Range("C8").Value = .Range("G4").Value + 14
    End With
End Sub
|
```

「End With」の色が変わった

4 コードが正しく入力できたかを確認

Hint!

複数の語を省略できる

このレッスンでは「ActiveSheet」を省略しましたが、「ActiveSheet.Range("A1").Font」など、操作の対象となるもので、かつ「.」でつながっていれば、複数の語でも省略できます。ただし「Value」や「ColorIndex」などのように、その後に「=」が必要になるプロパティは、省略できません。また、1つのWithステートメントで省略できるのは、1種類だけです。例えば、「ActiveSheet.Range("A1")」と「ActiveSheet.Range("A2")」というコードは、一度に省略できません。

6 作成したマクロを保存する

マクロを保存する

1 [上書き保存]をクリック

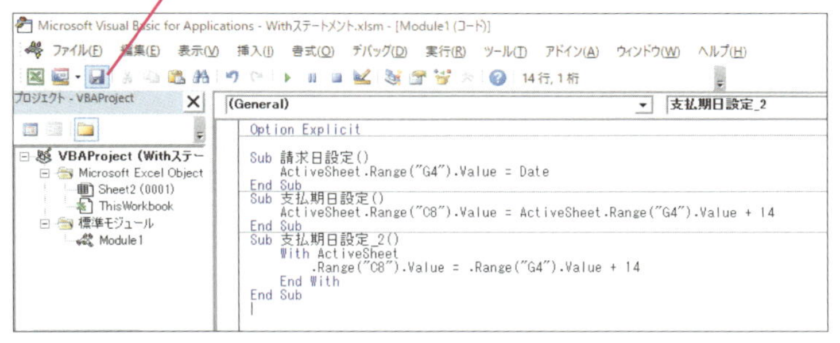

レッスン20の手順7を参考に、[請求日設定]と[支払期日設定_2]のマクロを実行しておく

間違った場合は?

[支払期日設定_2] マクロが正しく動作しない場合は、[請求日設定] マクロを実行したかどうかを確認してください。

Point 省略すればコードが見やすくなる

Withステートメントを使ってもマクロの実行結果が変わるわけではありません。大事なのは、「Withステートメントを使うと、コードが見やすくなる」ということです。長いコードになったときほど、効果も大きく便利です。省略できる部分は、できるだけWithステートメントを使うようにしましょう。なお、Withステートメントを記述する際には、レッスン22で解説したようにインデントも設定しておきます。Withステートメントで省略された個所がより分かりやすくなります。

レッスン 24

効率良くコードを記述するには

コードのコピー、貼り付け

Valueプロパティで値を取得して計算することができます。入力する内容が多くなりますが、最初の行をコピーすれば、後は行番号の書き換えだけです。

サンプル コードのコピー、貼り付け.xlsm

ショートカットキー Ctrl＋C……コピー　Ctrl＋V……貼り付け

Alt＋F8……［マクロ］ダイアログボックスの表示

Alt＋F11……ExcelとVBAの表示切り替え

作成するマクロ

商品の単価と数量を入力しておく

No	品名	単価	数量	金額	備考
1	テレビ 液晶60型	125,000	2	250,000	受注生産
2	テレビ 液晶38型	130,000	3	390,000	工場直送
3	洗濯機 全自動6Kg	50,000	3	150,000	工場直送
4	洗濯機 ドラム式4Kg	55,000	6	330,000	
5	洗濯機 ドラム式8Kg	80,000	3	240,000	

［金額］欄に各商品の合計額を表示できる

プログラムの内容

```
1  Sub 合計計算()
2      With ActiveSheet
3          .Range("E14").Value = .Range("C14").Value * .Range("D14").Value
4          .Range("E15").Value = .Range("C15").Value * .Range("D15").Value
5          .Range("E16").Value = .Range("C16").Value * .Range("D16").Value
6          .Range("E17").Value = .Range("C17").Value * .Range("D17").Value
7          .Range("E18").Value = .Range("C18").Value * .Range("D18").Value
8          .Range("E19").Value = .Range("C19").Value * .Range("D19").Value
9          .Range("E20").Value = .Range("C20").Value * .Range("D20").Value
10         .Range("E21").Value = .Range("C21").Value * .Range("D21").Value
11     End With
12 End Sub
```

【コード全文解説】

1　ここからマクロ［合計計算］を開始する
2　以下の構文の文頭にある「ActiveSheet」を省略する（Withステートメントを開始する）
3　セルE14の値にセルC14の値×セルD14の値を設定する
4　セルE15の値にセルC15の値×セルD15の値を設定する
5　セルE16の値にセルC16の値×セルD16の値を設定する
6　セルE17の値にセルC17の値×セルD17の値を設定する
7　セルE18の値にセルC18の値×セルD18の値を設定する
8　セルE19の値にセルC19の値×セルD19の値を設定する
9　セルE20の値にセルC20の値×セルD20の値を設定する
10　セルE21の値にセルC21の値×セルD21の値を設定する
11　Withステートメントを終了する
12　マクロを終了する

1 マクロの開始を宣言する

［コードのコピー、貼り付け.xlsm］をExcelで開いておく

レッスン15を参考にしてマクロをVBEで表示しておく

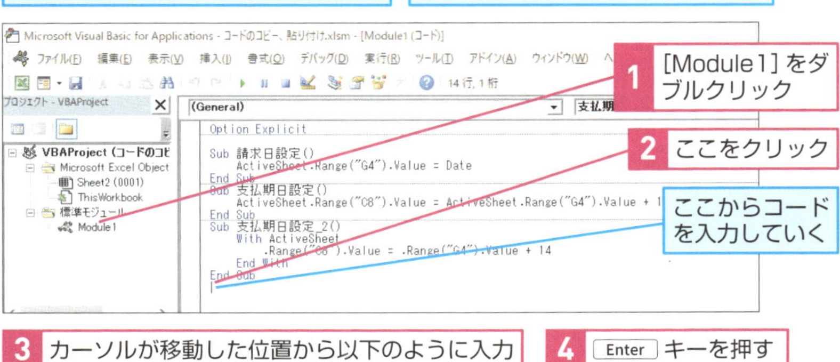

3 カーソルが移動した位置から以下のように入力

4 Enter キーを押す

Sub␣合計計算

```
End Sub
Sub 合計計算()
|
End Sub
```

プロシージャの区切りを表す線が表示された

自動的に「()」が付いた

次のページに続く

2 Withステートメントを入力する

1 Tab キーを押す

```
Sub 合計計算()
    |
End Sub
```

2 カーソルが移動した位置から以下のように入力

3 Enter キーを押す

```
with␣activesheet
```

```
Sub 合計計算()
    With ActiveSheet
    |
End Sub
```

次の行からEnd Withまでの間は「ActiveSheet」を省略する

3 セルを設定する

1 Tab キーを押す

インデントが設定された

```
Sub 合計計算()
    With ActiveSheet
        |
End Sub
```

2 カーソルが移動した位置から以下のように入力

3 Enter キーを押す

```
.range("E14").value=.range("C14").value*.range("D14").value
```

Hint!

ショートカットキーでコピーと貼り付けができる

手順４や手順５ではツールバーからコピーと貼り付けを行いましたが、VBEのコードウィンドウ上でコピーや貼り付けを行うときも、ExcelやWindowsなどでの操作と同様に Ctrl ＋ C キーや Ctrl ＋ V キーといったショートカットキーを利用できます。

4 入力したコードをコピーする

この後同じような内容が続くので、最初のコードをコピーする

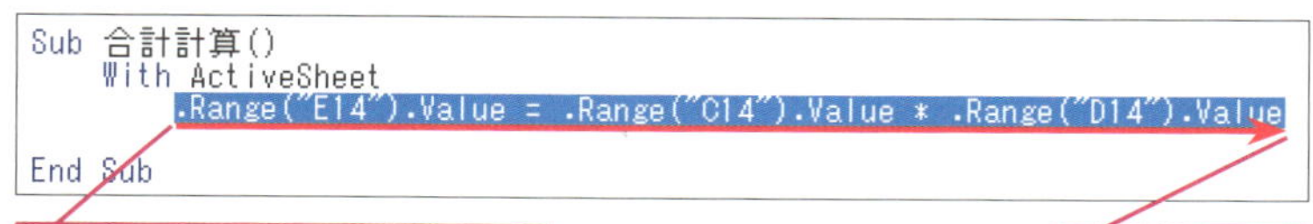

1 ここにマウスポインターを合わせる

2 ここまでドラッグ

3 [コピー]をクリック

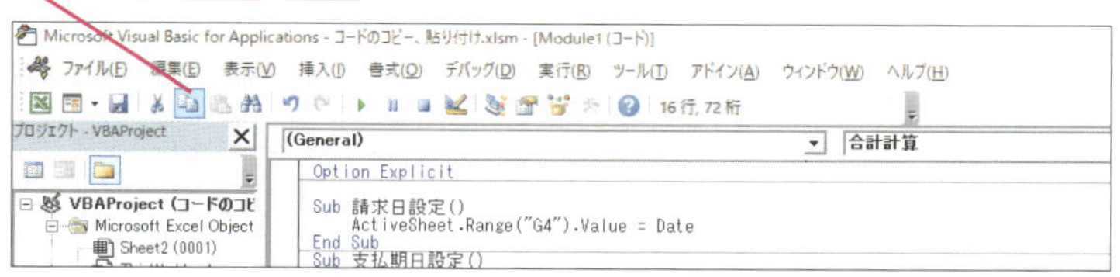

5 コードを貼り付ける

コードを貼り付ける位置を指定する

1 ここをクリック

```
Sub 合計計算()
    With ActiveSheet
        .Range("E14").Value = .Range("C14").Value * .Range("D14").Value

End Sub
```

カーソルがここに移動した

2 [貼り付け]をクリック

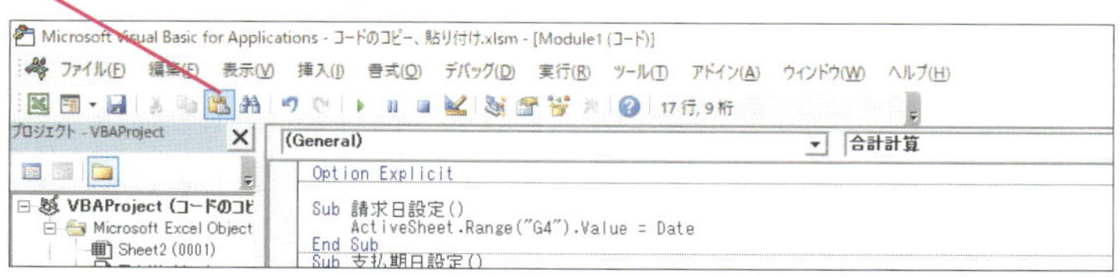

次のページに続く

6 セル番号を修正する

コードが貼り付けられた

```
Sub 合計計算()
    With ActiveSheet
        .Range("E14").Value = .Range("C14").Value * .Range("D14").Value
        .Range("E14").Value = .Range("C14").Value * .Range("D14").Value
End Sub
```

値を計算するときに参照するセル番号を修正する

隣りのセルの値を計算するので行番号をそろえる

1 ここを「E15」に修正

2 ここを「C15」に修正

3 ここを「D15」に修正

```
Sub 合計計算()
    With ActiveSheet
        .Range("E14").Value = .Range("C14").Value * .Range("D14").Value
        .Range("E15").Value = .Range("C15").Value * .Range("D15").Value
End Sub
```

4 ここをクリック

5 Enter キーを押す

セル番号を修正できた

6 手順4～5と同様にコードを6回貼り付けて、それぞれセル番号を16～21に修正

```
Sub 合計計算()
    With ActiveSheet
        .Range("E14").Value = .Range("C14").Value * .Range("D14").Value
        .Range("E15").Value = .Range("C15").Value * .Range("D15").Value
        .Range("E16").Value = .Range("C16").Value * .Range("D16").Value
        .Range("E17").Value = .Range("C17").Value * .Range("D17").Value
        .Range("E18").Value = .Range("C18").Value * .Range("D18").Value
        .Range("E19").Value = .Range("C19").Value * .Range("D19").Value
        .Range("E20").Value = .Range("C20").Value * .Range("D20").Value
        .Range("E21").Value = .Range("C21").Value * .Range("D21").Value
End Sub
```

Hint!

複数行をまとめて字下げする

コードを入力後、複数の行をまとめてインデントを設定できます。インデントのレベルを下げるときは、設定したい行の範囲を選択してから Tab キーを押しましょう。また、 Shift キーを押しながら Tab キーを押せば、インデントのレベルを1つ戻せます。

7 Withステートメントを終了する

1 ここをクリック

2 Enterキーを押す

Withステートメントを終了するのでインデントのレベルを1つ戻す

3 Back spaceキーを押す

```
Sub 合計計算()
    With ActiveSheet
        .Range("E14").Value = .Range("C14").Value * .Range("D14").Value
        .Range("E15").Value = .Range("C15").Value * .Range("D15").Value
        .Range("E16").Value = .Range("C16").Value * .Range("D16").Value
        .Range("E17").Value = .Range("C17").Value * .Range("D17").Value
        .Range("E18").Value = .Range("C18").Value * .Range("D18").Value
        .Range("E19").Value = .Range("C19").Value * .Range("D19").Value
        .Range("E20").Value = .Range("C20").Value * .Range("D20").Value
        .Range("E21").Value = .Range("C21").Value * .Range("D21").Value
    |
End Sub
```

4 カーソルが移動した位置から以下のように入力

```
end␣with
```

```
Sub 合計計算()
    With ActiveSheet
        .Range("E14").Value = .Range("C14").Value * .Range("D14").Value
        .Range("E15").Value = .Range("C15").Value * .Range("D15").Value
        .Range("E16").Value = .Range("C16").Value * .Range("D16").Value
        .Range("E17").Value = .Range("C17").Value * .Range("D17").Value
        .Range("E18").Value = .Range("C18").Value * .Range("D18").Value
        .Range("E19").Value = .Range("C19").Value * .Range("D19").Value
        .Range("E20").Value = .Range("C20").Value * .Range("D20").Value
        .Range("E21").Value = .Range("C21").Value * .Range("D21").Value
    End With
End Sub
|
```

5 ここをクリック

マクロの作成が終了した

6 コードが正しく入力できたかを確認

次のページに続く

8 作成したマクロを保存する

マクロを保存する

1 ［上書き保存］をクリック

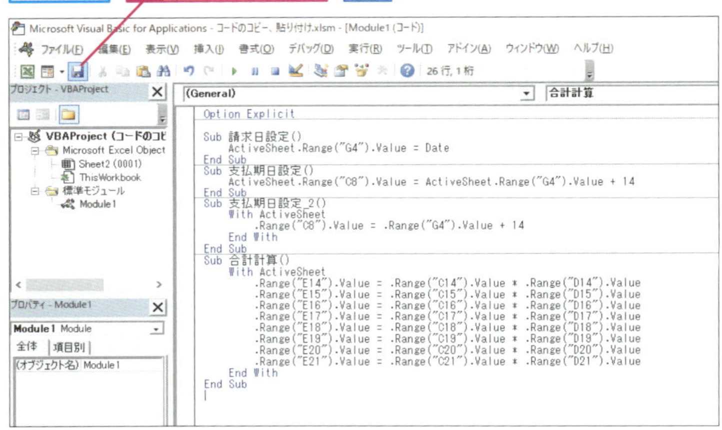

レッスン20の手順7を参考に、［合計計算］のマクロを実行しておく

Point コードもコピーと貼り付けができる

コードウィンドウでは、ワープロソフトで文章を入力しているときと同じように、一部分をコピーして別の個所に貼り付けることができます。このレッスンでは、商品ごとの合計額を計算するコードを作成しましたが、列は同じで行番号が異なる数式になっています。このようなときは、最初の行の数式をコピーし、残りの行の数だけ貼り付けて、セル番号を書き換えれば入力の手間を省けます。なお、このレッスンで紹介した例のように同じ計算を繰り返すときは、マクロを利用してさらに便利な処理を実行できます。次の章では、同じマクロを繰り返し実行するときに便利な方法を解説します。

Hint!

[デバッグ] ボタンでエラーの原因を調べる

入力したコードが正しくてもセル範囲の指定などを間違えていると、マクロの実行時にエラーメッセージが表示されることがあります。例えば、このレッスンでは、ワークシートの14 ～ 20行にあるC列とD列の数値で掛け算をしていますが、セル番号を間違えて「C13」や「F14」と入力しても、VBAの文法上では、間違いではありません。しかし、セルC13やF14に入力されているデータが数値ではなく文字列なので、マクロを実行すると「データ型が正しくないので処理ができない」という意味のエラーメッセージが表示されてしまいます。このようなときは、[デバッグ] ボタンをクリックします。マクロが中断モードになり、VBEが起動してエラーの原因となった行が黄色く反転します。その行をよく調べて問題を修正したら、VBEのツールバーにある [リセット] ボタン（）をクリックして [中断モード] を解除しましょう。

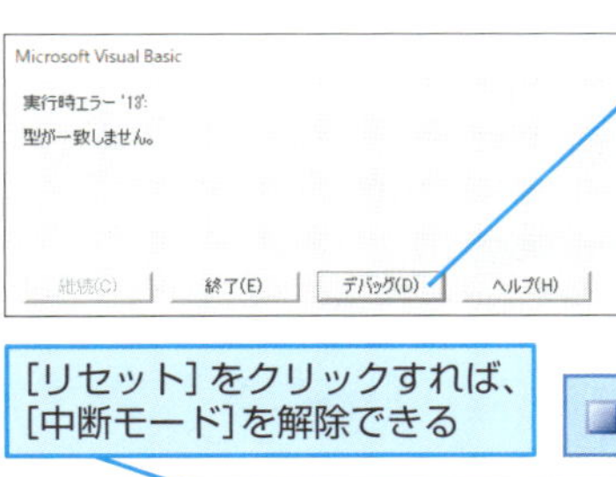

エラーダイアログボックスが表示されたら、[デバック] をクリックする

[リセット] をクリックすれば、[中断モード]を解除できる

エラーの原因の行が別色で表示される

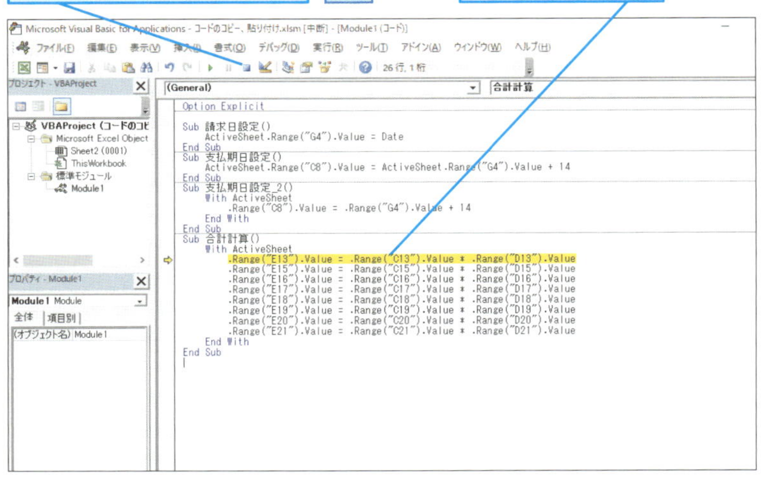


```
Option Explicit

Sub 請求日設定()
    ActiveSheet.Range("G4").Value = Date
End Sub
Sub 支払期日設定()
    ActiveSheet.Range("C8").Value = ActiveSheet.Range("G4").Value + 14
End Sub
Sub 支払期日設定_2()
    With ActiveSheet
        .Range("C8").Value = .Range("G4").Value + 14
    End With
End Sub
Sub 合計計算()
    With ActiveSheet
        .Range("E13").Value = .Range("C13").Value * .Range("D13").Value
        .Range("E15").Value = .Range("C15").Value * .Range("D15").Value
        .Range("E16").Value = .Range("C16").Value * .Range("D16").Value
        .Range("E17").Value = .Range("C17").Value * .Range("D17").Value
        .Range("E18").Value = .Range("C18").Value * .Range("D18").Value
        .Range("E19").Value = .Range("C19").Value * .Range("D19").Value
        .Range("E20").Value = .Range("C20").Value * .Range("D20").Value
        .Range("E21").Value = .Range("C21").Value * .Range("D21").Value
    End With
End Sub
```

ステップアップ！

プロシージャ全体をコピーして別のマクロを簡単に作成できる

レッスン24では、行をコピーして入力の手間を省く方法を紹介しましたが、「Sub」と「End Sub」でくくられたプロシージャ全体をコピーすることで、新しいプロシージャを簡単に作成できます。ただし、プロシージャの名前もそのままコピーされているので、必ずプロシージャ名を変えておきましょう。

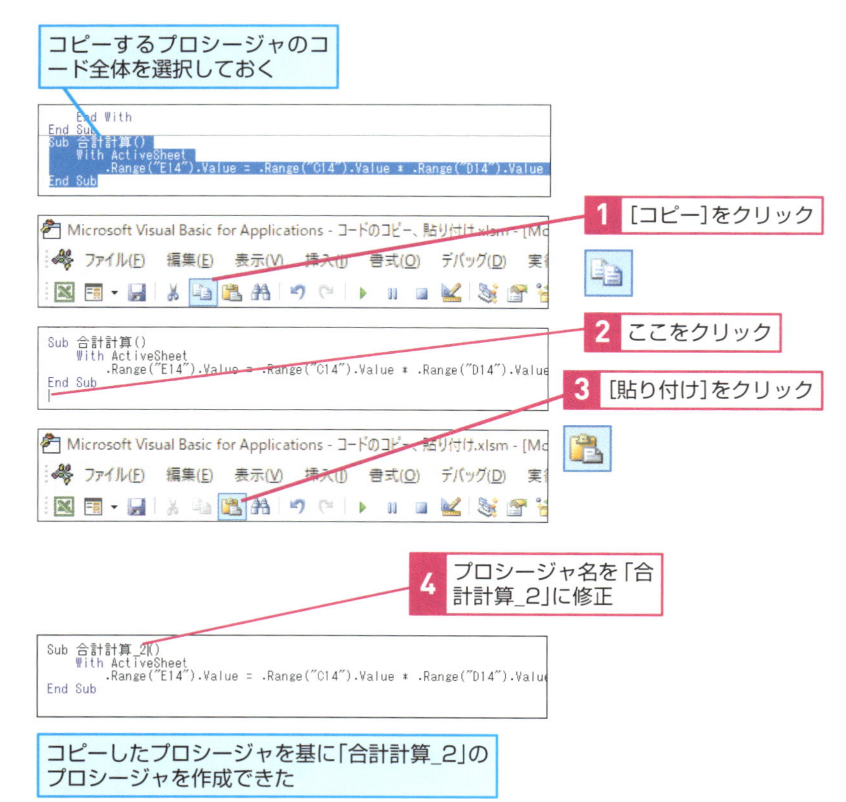

第7章

同じ処理を繰り返し実行する

データ全体で計算を行うときなど、行や列ごとに同じような処理を繰り返すことはよくあります。この章では、VBAを使って同じ処理を繰り返すマクロを作成します。いろいろな繰り返し処理の方法を覚えておきましょう。

レッスン
25

条件を満たすまで処理を繰り返すには

ループ

同じ処理を繰り返すVBAの命令の1つに、Do～Loopステートメントがあります。このレッスンでは、Do～Loopステートメントの使い方や処理内容について解説します。

Do～Loopステートメントの使い方

同じ処理を繰り返すとき、繰り返す回数分VBAのコードを記述する必要はありません。Do～Loopステートメントの「Do」と「Loop」の間に処理を記述すれば、その処理を繰り返すことができます。VBAでは、この繰り返し処理のことをループと呼んでいます。
ループは、何も指定しないといつまでも繰り返して処理を続けます。そのために、Do～Loopステートメントにはループを終了するための条件を指定します。指定の方法は、Doの後ろにWhileまたはUntilと、真（True）か偽（False）を判定する論理式を入力します。

●Do～Loopステートメントの構文

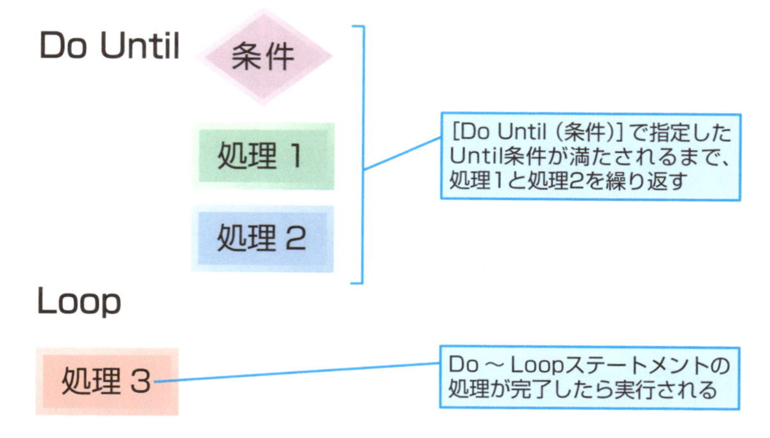

Do ～ Loopステートメントで行う処理

行方向や列方向に並んだ複数のセルの1つ1つに同じ処理を繰り返し行うときはDo ～ Loopステートメントでループを使います。Do ～ Loopステートメントによるループは、「このセルからここのセルまで」と決められた範囲ではなく、ループを終了する条件が指定できる処理に利用すると便利です。例えば「空のセルに到達するまで」「『合計』と入力されているセルに到達するまで」といった条件です。Do ～ Loopステートメントを使えば、以下の例のように、「アクティブセルの値が『2』になるまで文字色を赤に設定する」という処理ができます。以下の記述例と処理について確認してください。

●Do ～ Loopステートメントの記述例

●Do ～ Loopステートメントによる書式の設定

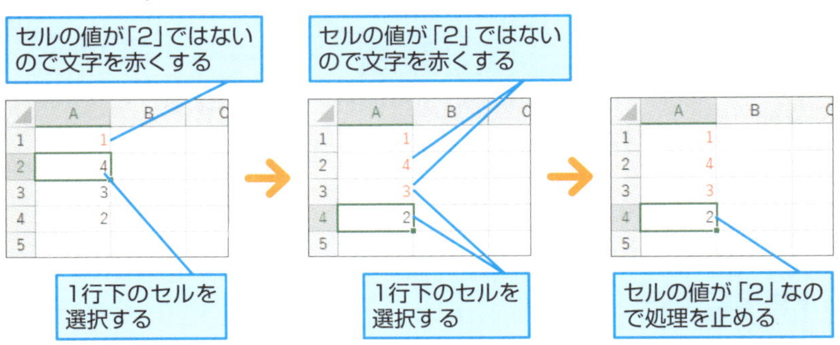

レッスン

26

行方向に計算を繰り返すには

Do ～ LoopステートメントⅠ

レッスン24では、売上金額を求めるマクロを作成しました。ここでは、Do ～ Loopステートメントを使って、値が入力されていない行で処理を求めるマクロを作ります。

サンプル Do ～ LoopステートメントⅠ.xlsm

ショートカットキー Alt ＋ F8 …… [マクロ] ダイアログボックスの表示

Alt ＋ F11 …… ExcelとVBAの表示切り替え

作成するマクロ

No	品名	単価	数量	金額
1	テレビ 液晶60型	125,000	2	250,000
2	テレビ 液晶38型	130,000	3	390,000
3	洗濯機 全自動6Kg	50,000	3	150,000
4	洗濯機 ドラム式4Kg	55,000	6	330,000
5	洗濯機 ドラム式8Kg	80,000	3	240,000
6	冷蔵庫 250L	40,000	3	120,000
7	BDレコーダー HDD 500G	43,000	3	129,000
8	BDメディア 5枚パック 10パック入り	5,000	2	10,000

[数量] 列に値が入力されている行の金額を計算し、[金額] 列に表示する

[数量] 列に値が入力されていない行になったら計算を止める

プログラムの内容

```
1  Sub 合計計算_2()
2      Range("E14").Select
3      Do Until ActiveCell.Offset(0, -1).Value = ""
4              With ActiveCell
5              .Value = .Offset(0, -2).Value _
6                  * .Offset(0, -1).Value
7                  .Offset(1, 0).Select
8          End With
9      Loop
10 End Sub
```

【コード全文解説】

1 ここからマクロ［合計計算_2］を開始する
2 セルE14を選択する
3 アクティブセルの1つ左隣のセルの値がなくなる（=""）まで処理を繰り返す
4 以下の構文で文頭の「ActiveCell」を省略する（Withステートメントを開始する）
5 （アクティブセルの）値に（アクティブセルの）2つ左隣のセルの値
6 上の値に（アクティブセルの）1つ左隣のセルを掛けた値を設定する
7 （アクティブセルの）1行下のセルを選択する
8 Withステートメントを終了する
9 Do ～ Loopステートメントを終了する
10 マクロを終了する

1 マクロの開始を宣言する

[Do ～ Loopステートメント I .xlsm]をExcelで開いておく

レッスン15を参考マクロをVBEで表示しておく

レッスン19を参考に、標準モジュールを追加しておく

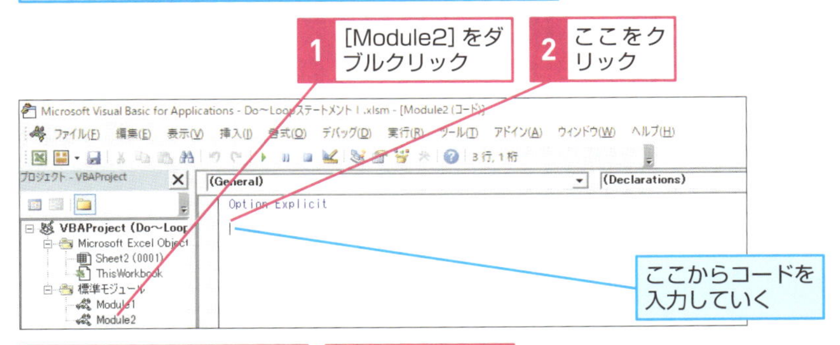

3 カーソルが移動した位置から以下のように入力

4 Enterキーを押す

```
sub␣合計計算_2
```

次のページに続く

2 選択するセルを設定する

1 Tab キーを押す

```
Sub 合計計算_2()
|
End Sub
```

2 カーソルが移動した位置から以下のように入力

3 Enter キーを押す

```
range("E14").select
```

◆Select
「選択する」という意味のメソッド。ここでは、「Range("E14") .Select」で「セルE14を選択する」という意味

3 Do ～ Loopステートメントを入力する

```
Sub 合計計算_2()
    Range("E14").Select
    |
End Sub
```

1 カーソルが移動した位置から以下のように入力

```
do␣until␣
```

◆Do Until ○○
「○○の状態になるまで以下の操作を繰り返す」という意味のステートメント

Hint!
ループの条件文を考える

［数量］の列に何も入力されていないかどうかは、「ActiveCell.Offset(0, -1).Value」の値を調べます。何も入力されていないということは、セルの値がないということです。VBAでは「Value = ""」と記述します。つまり「ActiveCell.Offset(0, -1).Value = ""」は「左のセル（Offset(0, -1)）に何も入力されていない状態になるまでループを繰り返す」という意味になります。このとき、「"」と「"」の間に空白を入れないようにしましょう。

Hint!

VBEにはコードの間違いを減らす機能が搭載されている

コードの記述に間違いがある場合、マクロが途中で止まってしまったり、最後まで実行されても思っていたような結果にならなかったりすることがあります。このような間違いをバグと呼びます。バグを修正することをデバッグと呼びます。VBEではコードの記述中に文法の間違いがあるとメッセージが表示されるほか、エラーの原因がどこにあるかを表示します。VBEには、バグの発生が少なくなるような工夫やデバッグをより楽に行うための機能がいくつか用意されています。

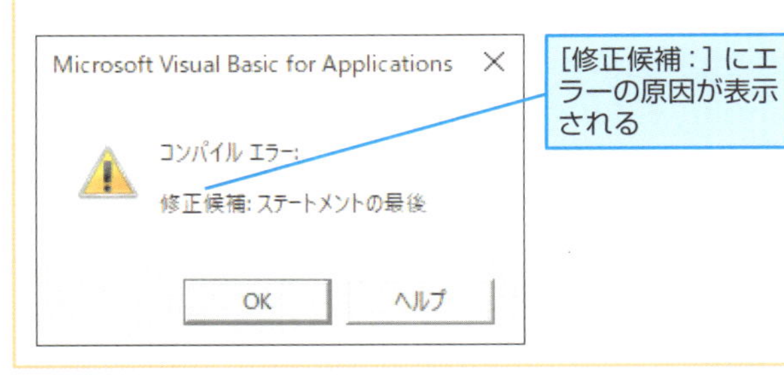

4 繰り返し処理の条件を入力する

アクティブセルの1つ左隣のセルを指定する

```
Sub 合計計算_2()
    Range("E14").Select
    do until |
End Sub
```

1 カーソルが移動した位置から以下のように入力

```
activecell.offset (0,-1) .value=""
```

◆ActiveCell
現在選択されているセルを表すプロパティ

◆Offset
特定のセルを基準とした位置関係を表すプロパティで「Range ("E14") .Offset (0,-1) .Select」で「セルE14の1つ左隣のセルを選択する」という意味

セルに何も入力されていなければ処理を止めるように設定する

2 Enter キーを押す

次のページに続く

5 Withステートメントを入力する

ここからActiveCellをWithステートメントで省略する

Do ～ Loopステートメント内なので行頭を字下げする

1 Tabキーを押す

```
Sub 合計計算_2()
    Range("E14").Select
    Do Until ActiveCell.Offset(0, -1).Value = ""
        |
End Sub
```

2 カーソルが移動した位置から以下のように入力

3 Enterキーを押す

```
with_activecell
```

6 繰り返す処理を入力する

Do Until以下の条件になるまで繰り返す処理を入力する

Withステートメント内なのでさらに行頭を字下げする

1 Tabキーを押す

```
Sub 合計計算_2()
    Range("E14").Select
    Do Until ActiveCell.Offset(0, -1).Value = ""
        With ActiveCell
            |
End Sub
```

2 カーソルが移動した位置から以下のように入力

「ActiveCell」が省略されているので「.」から入力する

```
.value=.offset(0,-2).value
```

Hint!

行を分割するには

レッスン22で紹介したように、長すぎて読みにくいコードは分割して記述できます。行末に半角の空白と「_」(アンダーバー)を記述すれば、VBAはコードが次の行に続いていることを認識します。ただし、行を分割できるのは「.」や「=」、「,」の前後です。キーワードの途中では行を分割できません。

7 行を分割する

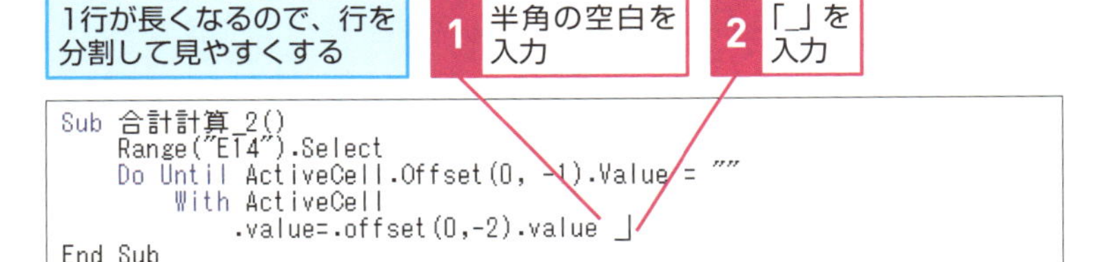

3 Enter キーを押す

上の行から続いていることを表すために行頭を字下げする

4 Tab キーを押す

```
Sub 合計計算_2()
    Range("E14").Select
    Do Until ActiveCell.Offset(0, -1).Value = ""
        With ActiveCell
            .Value = .Offset(0, -2).Value _
                |
End Sub
```

5 カーソルが移動した位置から以下のように入力

6 Enter キーを押す

```
*.offset(0,-1).value
```

掛け算を表す「*」を入力する

次のページに続く

8 選択するセルを設定する

1 Back space キーを押す

```
Sub 合計計算_2()
    Range("E14").Select
    Do Until ActiveCell.Offset(0, -1).Value = ""
        With ActiveCell
            .Value = .Offset(0, -2).Value _
                * .Offset(0, -1).Value
            |
End Sub
```

2 カーソルが移動した位置から以下のように入力

3 Enter キーを押す

```
.offset(1,0).select
```

Hint!

Offsetプロパティなら相対的な位置関係を指定できる

Offsetプロパティは「基点のセル.Offset(行の差分,列の差分)」と入力し、セルを表します。このレッスンでは、「Range("E14").Select」をコードに記述して、最初にセルE14を選択するようにしました。したがって、最初の基点のセルは、セルE14です。2つ左のセルC14（Offset(0,-2)）の値と1つ左のセルD14（Offset(0,-1)）の値を掛けた値をセルE14に設定し、1行下のセルE15（Offset(1,0)）を選択しています。次の基点のセルは、セルE15になるので、Offsetプロパティでセルの位置を指定しておけば、同じ処理を繰り返すだけで、明細行の金額をすべて計算できるというわけです。

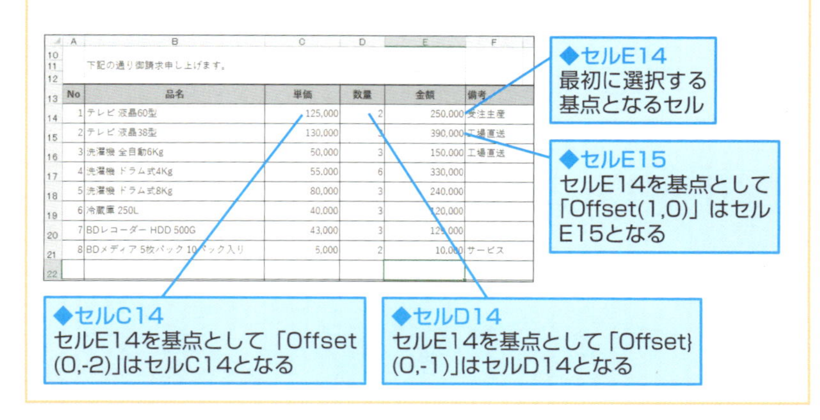

9 WithステートメントとDo ～ Loopステートメントを終了する

Withステートメントはここまでなので
インデントのレベルを1つ戻す

1 Back spaceキーを押す

```
Sub 合計計算_2()
    Range("E14").Select
    Do Until ActiveCell.Offset(0, -1).Value = ""
        With ActiveCell
            .Value = .Offset(0, -2).Value _
                * .Offset(0, -1).Value
            .Offset(1, 0).Select
        |
End Sub
```

2 カーソルが移動した位置から以下のように入力

3 Enterキーを押す

```
end␣with
```

Do ～ Loopステートメントはここまでなのでインデントのレベルを1つ戻す

4 Back spaceキーを押す

```
Sub 合計計算_2()
    Range("E14").Select
    Do Until ActiveCell.Offset(0, -1).Value = ""
        With ActiveCell
            .Value = .Offset(0, -2).Value _
                * .Offset(0, -1).Value
            .Offset(1, 0).Select
        End With
    |
End Sub
```

5 カーソルが移動した位置から以下のように入力

```
loop
```

次のページに続く

10 入力したコードを確認する

```
Sub 合計計算_2()
    Range("E14").Select
    Do Until ActiveCell.Offset(0, -1).Value = ""
        With ActiveCell
            .Value = .Offset(0, -2).Value _
                * .Offset(0, -1).Value
            .Offset(1, 0).Select
        End With
    Loop
End Sub
|
```

1 ここをクリック

マクロの作成が終了した

2 コードが正しく入力できたかを確認

レッスン20を参考にマクロを上書き保存し、Excelに切り替えておく

レッスン20の手順7を参考に、[合計計算_2]のマクロを実行しておく

Point ループするごとにセル参照を移動させる

このレッスンでは、Do ～ Loopステートメントを利用して、同じ処理を繰り返すコードを記述しました。繰り返しの処理でセル参照を使っている場合は、1回のループごとに参照するセルを移動させることを忘れないようにしてください。このようにしないと、常に同じセルだけを処理し続けることになってしまいます。手順8ではループの最後に「.Offset(1,0).Select」と入力することで、ループするごとにアクティブセルの1行下のセルを選択するように記述しています。セル参照の処理にDo ～ Loopステートメントを使うときには、次のセルを参照するための命令を忘れないようにしましょう。

活用例　サンプル Do ～ LoopステートメントⅠ_活用例.xlsm

条件を満たしている間だけ処理を繰り返す

Do Untilを使った繰り返しの条件をDo Whileに置き換えることもできます。このレッスンで使用したDo Untilは条件を満たすまで繰り返しますが、Do Whileの場合は条件を満たしている間だけ繰り返します。したがって、UntilとWhileでは条件の設定が逆になります。UntilとWhileのどちらを使うかは、条件の指定がどちらの方が分かりやすいかを考えて決めましょう。

Before

```
Sub 合計計算_2()
    Range("E14").Select
    Do Until ActiveCell.Offset(0, -1).Value = ""
```

「""」で表した値がないという条件を、値があるという条件に置き換える

After

```
Sub 合計計算_3()
    Range("E14").Select
    Do While ActiveCell.Offset(0, -1).Value <> ""
```

「Do Until」を「Do While」に書き換える

「=」を右辺と左辺が等しくないことを表す「<>」に書き換える

プログラムの内容

```
3 Do While ActiveCell.Offset(0, -1).Value <> ""
```

【コードの解説】

3 現在選択している金額（E列）の1つ左のセル（数量）が空欄でない間繰り返し

レッスン 27

ループを使って総合計を求めるには

Do ～ LoopステートメントⅡ

もう一度Do ～ Loopステートメントを使ったコードを記述して、ループの使い方を理解しましょう。今度はループを使って合計金額を求めるマクロを作成します。

サンプル Do ～ LoopステートメントⅡ.xlsm

ショートカットキー Alt ＋ F8 …… ［マクロ］ダイアログボックスの表示

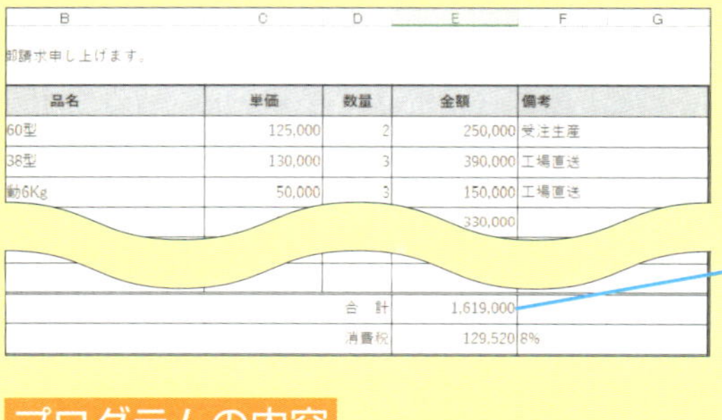

［数量］列に値が入力されている行の金額を合計し、セルE34に表示する

プログラムの内容

```
1  Sub 総計計算()
2      Range("E34").Value = 0
3      Range("E14").Select
4      Do Until ActiveCell.Offset(0, -1).Value = ""
5          With ActiveCell
6              Range("E34").Value = Range("E34").Value + .Value
7              .Offset(1, 0).Select
8          End With
9      Loop
10 End Sub
```

【コード全文解説】

1 ここからマクロ［総計計算］を開始する
2 セルE34の値に0を設定する
3 セルE14を選択する
4 アクティブセルの1つ左隣のセルの値がなくなるまで以下の処理を繰り返す
5 以下の構文で文頭の「ActiveCell」を省略する
（Withステートメントを開始する）
6 セルE34の値に、セルE34の値＋（アクティブセルの値）を設定する
7 （アクティブセルの）1行下のセルを選択する
8 Withステートメントを終了する
9 Do ～ Loopステートメントを終了する
10 マクロを終了する

1 マクロの開始を宣言する

[Do ～ LoopステートメントⅡ.xlsm]をExcelで開いておく

レッスン15を参考にしてマクロをVBEで表示しておく

1 [Module2] をダブルクリック

2 ここをクリック

ここからコードを入力していく

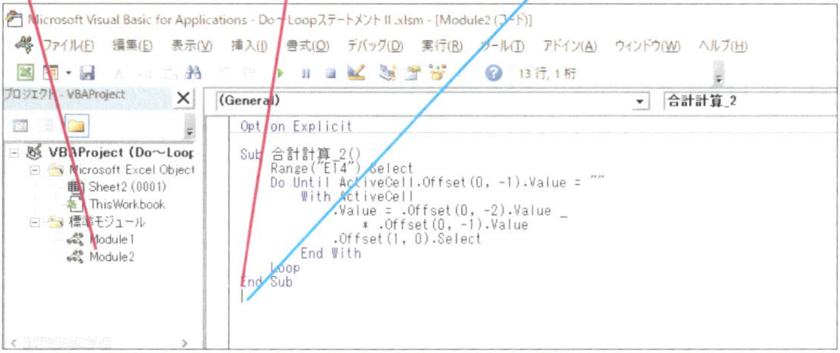

```
Option Explicit

Sub 合計計算_2()
    Range("E14").Select
    Do Until ActiveCell.Offset(0, -1).Value = ""
        With ActiveCell
            .Value = .Offset(0, -2).Value _
                * .Offset(0, -1).Value
            .Offset(1, 0).Select
        End With
    Loop
End Sub
```

3 カーソルが移動した位置から以下のように入力

4 Enter キーを押す

```
sub␣総計計算
```

次のページに続く

2 セルの値を設定する

プロシージャの区切りを表す線が表示された

1 Tab キーを押す

```
End Sub
Sub 総計計算()
    |
End Sub
```

2 カーソルが移動した位置から以下のように入力

3 Enter キーを押す

総計を求めるセル（セルE34）の値を「0」に設定する

```
range("E34").value=0
```

```
range("E14").select
```

［金額］列の最初のセル（セルE14）を選択する

Hint!

セルE34に「0」を設定するのはなぜ？

手順2でセルE34に「0」を格納していますが、このような処理を初期化といいます。このレッスンのループでは、セルE34の値にアクティブセルの値を加算していきます。最初にセルE34に何らかの値が格納されていると、そこから計算が始まってしまうので、正しい結果が求められなくなってしまいます。そのためにセルE34を「0」で初期化します。

Hint!

自動インデントを解除するには

VBEでコードを記述するとき、標準の設定ではインデントが自動的に設定されます。しかし、インデントの階層が深くなると、自動的にインデントが設定されるのが煩わしくなることもあります。自動インデントの設定を解除するには、レッスン18で紹介した［オプション］ダイアログボックスの［編集］タブで、［自動インデント］をクリックしてチェックマークをはずします。

3 Do ～ Loop ステートメントを入力する

アクティブセルの1つ左隣のセル（[数量] 列）に何も入力されていなければ、そこで処理を止める

```
Sub 総計計算()
    Range("E34").Value = 0
    Range("E14").Select
    |
End Sub
```

1 カーソルが移動した位置から以下のように入力

2 Enter キーを押す

```
do␣until␣activecell.offset(0,-1).value=""
```

4 Withステートメントを入力する

Do ～ Loopステートメント内なので行頭を字下げする

1 Tab キーを押す

```
Sub 総計計算()
    Range("E34").Value = 0
    Range("E14").Select
    Do Until ActiveCell.Offset(0, -1).Value = ""
        |
End Sub
```

2 カーソルが移動した位置から以下のように入力

3 Enter キーを押す

```
with␣activecell
```

次のページに続く

5 セルの値を設定する

Withステートメント内なので行頭を字下げする

1 Tabキーを押す

セルE34にループ中のアクティブセルの値を加算する

```
Sub 総計計算()
    Range("E34").Value = 0
    Range("E14").Select
    Do Until ActiveCell.Offset(0, -1).Value = ""
        With ActiveCell
            |
End Sub
```

2 カーソルが移動した位置から以下のように入力

3 Enterキーを押す

「.value」でアクティブセルを表している

```
range("E34").value=range("E34").value+.value
```

```
.offset(1, 0).select
```

値を加算したら、次(1行下)のセルに進むようにする

Hint!

「.Value」って一体何を表しているの？

Valueプロパティはオブジェクトの中身の情報を表します。必ず情報を知りたい対象となるオブジェクトとセットで使用します。例えば、セルA1の値を知りたいときには、Rangeプロパティとセットで使って「Range("A1").Value」のように記述します。手順5ではWithステートメントで「ActiveCell」を省略しているので、「.value」のみを記述しています。

Hint!

セルの書式はあらかじめ設定しておく

請求書や見積者など、書式が決まっているワークシートを使うときは、あらかじめセルに書式を設定しておきましょう。セルの書式設定は、マクロでもできますが、どのように設定されるかは、マクロを実行しないと分かりません。ワークシート上で設定すれば、いつでも簡単に設定が変更できます。ただし、行や列、セルの配置を変更してしまうと、マクロが正しく処理できなくなるので、注意してください。

6 Withステートメントを終了する

Withスタートメントはここまでなのでインデントのレベルを1つ戻す

1 Back spaceキーを押す

```
Sub 総計計算()
    Range("E34").Value = 0
    Range("E14").Select
    Do Until ActiveCell.Offset(0, -1).Value = ""
        With ActiveCell
            Range("E34").Value = Range("E34").Value + .Value
            .Offset(1, 0).Select
        |
End Sub
```

2 カーソルが移動した位置から以下のように入力

3 Enterキーを押す

```
end␣with
```

7 Do ～ Loopステートメントを終了する

Do ～ Loopステートメントはここまでなのでインデントのレベルを1つ戻す

1 Back spaceキーを押す

```
Sub 総計計算()
    Range("E34").Value = 0
    Range("E14").Select
    Do Until ActiveCell.Offset(0, -1).Value = ""
        With ActiveCell
            Range("E34").Value = Range("E34").Value + .Value
            .Offset(1, 0).Select
        End With
    |
End Sub
```

2 カーソルが移動した位置から以下のように入力

```
loop
```

次のページに続く

8 入力したコードを確認する

```
Sub 総計計算()
    Range("E34").Value = 0
    Range("E14").Select
    Do Until ActiveCell.Offset(0, -1).Value = ""
        With ActiveCell
            Range("E34").Value = Range("E34").Value + .Value
            .Offset(1, 0).Select
        End With
    Loop
End Sub
|
```

1 ここをクリック

マクロの作成が終了した

2 コードが正しく入力できたかを確認

レッスン20を参考にマクロを上書き保存し、Excelに切り替えておく

レッスン20の手順7を参考に、[総計計算]のマクロを実行しておく

Point Do ～ Loopステートメントで計算を繰り返す

このレッスンでは、Do ～ Loopステートメントを使って、行方向への繰り返しの計算を行いました。このコードのループ処理で、各商品の金額を足していく数式は「セルE34の値＝セルE34の値＋その商品の合計額」となります。VBAではこの数式を「セルE34の値と各商品の金額を足して、セルE34の値として新たに設定する」と解釈するため、結果として累計が求められます。指定されたセル範囲にある値の合計値をループを使って計算する場合は、このような累計を求める数式がよく使われるので覚えておきましょう。

活用例　サンプル Do ～ LoopステートメントⅡ_活用例.xlsm

セルの内容が空かどうかをチェックできる

VBAのIsEmpty関数を使えば、セルの内容が空かどうかを調べられます。IsEmpty関数ではセルの内容が空のときに「真（True）」になりますが、このレッスンで利用したDo Untilと組み合わせて以下のように記述できます。

Before

```
Sub 合計計算_2()
    Range("E14").Select
    Do Until ActiveCell.Offset(0, -1).Value = ""
        With ActiveCell
```

セルの内容が空かどうかを調べる

After

```
Sub 合計計算_3()
    Range("E14").Select
    Do Until IsEmpty(ActiveCell.Offset(0, -1).Value)
        With ActiveCell
```

IsEmpty関数でセルの内容を調べる

プログラムの内容

```
3 Do Until IsEmpty(ActiveCell.Offset(0, -1).Value)
```

【コードの解説】

3　現在選択している金額（E列）の1つ左のセル（数量）が空欄になるまで繰り返す

レッスン
28 変数を利用するには

変数

VBAでコードを入力するときに変数を使うと、非常に便利です。このレッスンでは、変数とはどのようなものか、その使い方や利用方法について解説します。

変数を使うメリット

変数とは、値（データ）を格納できる「入れ物」と考えるといいでしょう。変数に数値が格納してあれば、通常の数値と同じように計算できます。例えば、売り上げの計算では、8%の値引率と消費税8%の計算をするとき、数値をそのまま使うよりも変数を使った方が分かりやすいコードを記述できます。下の例を見てください。下のコードのように、変数を利用して「値引率」と「消費税」を記述すれば、修正も簡単になる上、どこで何の計算を行っているのかが分かりやすくなります。

●変数を使ったコードの例

変数「値引率」と変数「消費税」を用意しておけば、コードの確認や修正が簡単になる

```
値引率␣=␣0.08
消費税率␣=␣0.08
Range("A1").Value␣=␣3000*値引率
Range("A2").Value␣=␣3000␣-␣Range("A1").Value
Range("A3").Value␣=␣Range("A2").Value*消費税率
```

変数の利用

変数を前もって用意するには、使用する変数をプロシージャの先頭で宣言します。変数を宣言するときは、「Dim」ステートメントを使って変数名と扱う「型」(データ型)を明示します。データ型が通貨型の変数「合計金額」を宣言するときは、以下の例のように記述します。「Dim」「変数名」「As」「型」は、それぞれ半角の空白で区切ります。

●変数の宣言の構文

Dim 変数名 As 型

●変数を宣言する場所

変数を使用するプロシージャの先頭に記述しておくといい

```
Sub␣合計計算()
  Dim␣合計金額␣As␣Currency
     ⋮
End␣Sub
```

Hint!

変数の「型」とは

変数は、そこに入れる値の種類や大きさによって、さまざまな「型」(データ型)に分類されます。変数の「型」の定義とは、入れる値に応じて、「入れ物」の大きさを決めることと考えればいいでしょう。

データ型	別名	値の種類	利用例
Integer	整数型	整数	セル参照のための変数やループカウンターなど、あまりけた数の大きくない整数を扱うときに利用する
Currency	通貨型	けた数の大きい数値	主に金額の計算などに利用されることが多い。小数点第4位まで扱えるため、誤差の少ない計算を行いたいときにも利用できる
Date	日付型	日付	日付データを扱うときに利用する
String	文字列型	文字列	英字や日本語などの文字列を扱うときに利用する。商品コード番号(例えば「09102235」)など、見ためが数値であっても、文字列として扱いたいときにも利用できる

レッスン 29

回数を指定して処理を繰り返すには

回数を指定したループ

処理を繰り返すには、For ～ Nextというステートメントでも行えます。このレッスンでは、For ～ Nextステートメントをどういう場面で使えばいいかを解説します。

For ～ Nextステートメントの使い方

Do ～ Loopステートメントは何回ループを繰り返すかが決まっていません。したがって、いつまでも条件に合わないと永久にループを繰り返します。一方、For ～ Nextステートメントはループを繰り返す回数を指定できます。処理を何回繰り返すかが決まっているときには、For ～ Nextステートメントを使います。For ～ Nextステートメントは、Forの後ろにループ回数を数える変数（ループカウンター）と、ループ開始時の初期値、ループ終了の条件になる最終値を設定します。

●For ～ Nextステートメントの構文

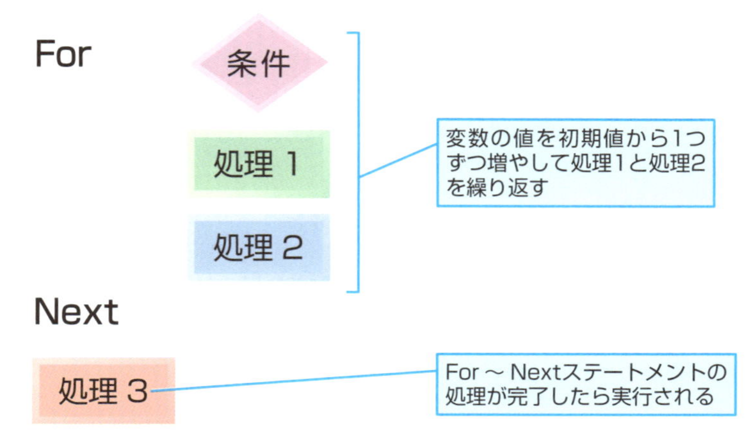

For ～ Nextステートメントで行う処理

ループカウンターの値と最終値との比較はループの先頭にあるForで行われます。以下の例を見てください。For ～ Nextステートメントが開始されると、まずループカウンターに利用する変数「回数」の初期値「1」が、最終値の「2」と比較されます。1は2より小さいので、ループの処理が実行され、Nextのところで先頭のForへ戻ります。2回目のループでループカウンターは「2」に増えますが、2になった段階ではまだ最終値を超えていません。次に「3」になったときにループが終了し、Nextの次の処理へ移動します。

●For ～ Nextステートメントの記述例

◆変数「回数」
ループカウンターに利用する変数「回数」を定義する

◆条件
変数「回数」の初期値に「1」を設定して、「2」になるまで以下の処理を繰り返す

```
Dim 回数 As Integer
For 回数 = 1 To 2
    ActiveCell.Font.ColorIndex = 3
    ActiveCell.Offset(1,0).Select
Next 回数
```

◆処理1
アクティブセルの文字色を赤(3)にする

◆Next
「For (条件)」の行に戻る

◆処理2
アクティブセルの1行下のセルを選択する

●For ～ Nextステートメントによる書式の設定

変数「回数」の値が「1」なので文字を赤くする

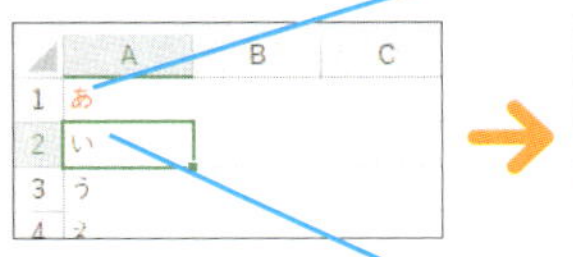

1行下のセルを選択する

変数「回数」の値を1つ増やす

変数「回数」の値が「2」なので文字を赤くする

1行下のセルを選択する

変数「回数」の値を1つ増やす

変数「回数」の値が「3」なので処理を止める

レッスン 30

指定したセルの値を順番に削除するには

For ~ NextステートメントI

このレッスンでは、決まったセル範囲で特定の処理を行うコードを記述します。マクロを実行すると、請求書の［金額］列にある値だけが削除されます。

サンプル For ~ NextステートメントI.xlsm

ショートカットキー Alt + F8 …… ［マクロ］ダイアログボックスの表示
Alt + F11 …… ExcelとVBAの表示切り替え

第7章 同じ処理を繰り返し実行する

作成するマクロ

単価	数量	金額	備考
125,000	2		受注生産
130,000	3		工場直送
50,000	3		工場直送
55,000	6		

［金額］列（E14～E33）に入力されている値を削除する

プログラムの内容

```
1 Sub 合計欄クリア()
2     Dim 行番号 As Integer
3     For 行番号 = 14 To 33
4         Cells(行番号, 5).ClearContents
5     Next 行番号
6 End Sub
```

【コード全文解説】

1 ここからマクロ［合計欄クリア］を開始する
2 ループカウンターとして変数「行番号」を整数型に定義する
3 変数「行番号」の値が14から33になるまで処理を繰り返す
4 行番号が変数「行番号」、列番号が5（5列目、つまり［金額］列）のセルの文字と数式を削除する
5 変数「行番号」を1つ増やして3行目に戻って条件を比較する
6 マクロを終了する

1 マクロの開始を宣言する

[For ～ NextステートメントⅠ.xlsm]をExcelで開いておく

レッスン15を参考にしてマクロをVBEで表示しておく

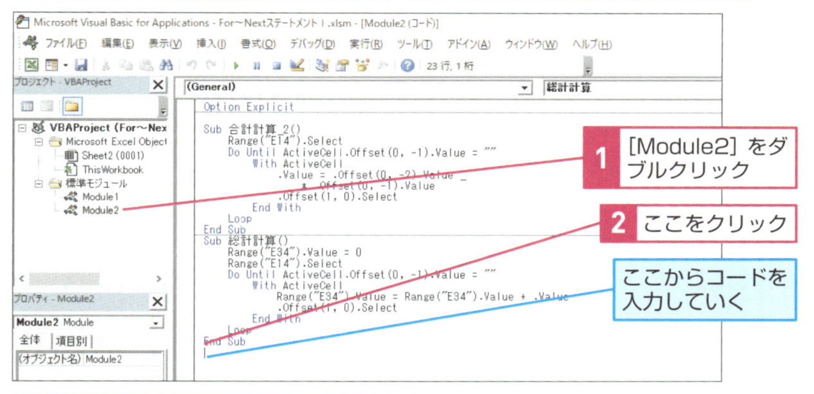

3 カーソルが移動した位置から以下のように入力

4 Enter キーを押す

```
sub␣合計欄クリア
```

2 変数を定義する

プロシージャの区切りを表す線が表示された

1 Tab キーを押す

```
End Sub
Sub 合計欄クリア()
    |
End Sub
```

2 カーソルが移動した位置から以下のように入力

3 Enter キーを押す

```
dim␣行番号␣as␣integer
```

◆Dim ○○ As ～

「Dim ○○ As Integer」で、「変数「○○」を整数型に定義する」という意味になる

Hint! なぜIntegerを使うの？

手順2では変数「行番号」をInteger（整数型）にしています。行番号を表すために使用する変数で、整数しか扱わないので、Integerにしています。

次のページに続く

3 For ～ Nextステートメントを入力する

```
Sub 合計欄クリア()
    Dim 行番号 As Integer
    |
End Sub
```

1 カーソルが移動した位置から以下のように入力

2 Enter キーを押す

```
for␣行番号=14␣to␣33
```

◆For 変数=初期値 To 最終値
「変数の値が初期値から最終値になるまでの処理を繰り返す」という意味のステートメント

For ～ Nextステートメント内なので行頭を字下げする

3 Tab キーを押す

```
Sub 合計欄クリア()
    Dim 行番号 As Integer
    For 行番号 = 14 To 33
        |
End Sub
```

4 カーソルが移動した位置から以下のように入力

5 Enter キーを押す

```
cells(行番号,5).clearcontents
```

◆Cells（行,列）
セルの位置を表すプロパティ。「Cells（1,1）.Select」で「1行目・1列目のセル（セルA1）を選択する」という意味となる

◆ClearContents
「～の文字と数式を削除する」という意味のメソッド。「Range("A1").ClearContents」で「セルA1の文字と数式を削除する」という意味となる

Hint!

Cellsプロパティなら行と列を数値で指定できる

セルの位置を表すプロパティにCellsプロパティを利用しています。使い方は「Cells（行番号,列番号）」となっていて［行番号］には行の番号、［列番号］にはA列から数えた列の番号を数値で指定します。例えば、セルC2は「Cells(2, 3)」と記述します。このレッスンでは、Cellsプロパティに指定する「行」の数値として、変数に「行番号」を使っています。「列」の数値として、「5」を指定しているのは、E列の［金額］の内容を参照するためです。Cellsプロパティはループの処理でよく使われるので、覚えておいてください。

4 For ～ Nextステートメントを終了する

For ～ Nextステートメントはここまでなのでインデントのレベルを1つ戻す

1 Back spaceキーを押す

```
Sub 合計欄クリア()
    Dim 行番号 As Integer
    For 行番号 = 14 To 33
        Cells(行番号, 5).ClearContents
    |
End Sub
```

2 カーソルが移動した位置から以下のように入力

next␣行番号

```
Sub 合計欄クリア()
    Dim 行番号 As Integer
    For 行番号 = 14 To 33
        Cells(行番号, 5).ClearContents
    Next 行番号
End Sub
|
```

3 ここをクリック

マクロの作成が終了した

4 コードが正しく入力できたかを確認

レッスン20を参考にマクロを上書き保存し、Excelに切り替えておく

レッスン20の手順7を参考に、[合計欄クリア]のマクロを実行しておく

Point 行番号にループカウンターを使う

このレッスンのように、繰り返し処理を行うセル範囲が決まっていて、ループを終了する条件を判断する必要がない場合は、For ～ Nextステートメントが適しています。For ～ Nextステートメントでは、ループカウンターと呼ばれる変数を利用するので、ループしたいセル範囲を指定する際に、Cellsプロパティにも同じ変数を指定しておくのがポイントです。1回のループごとに変数の値が1ずつ増えるため、1つ下のセルを選択できるようになるからです。

レッスン 31

指定したセル範囲で背景色を設定するには

For ～ NextステートメントⅡ

今度はFor ～ Nextステートメントを使って、1行置きに背景色を付けてみます。このようなときにはループカウンターの増分値を指定してループの処理を行います。

サンプル For ～ NextステートメントⅡ.xlsm

ショートカットキー Alt＋F8……［マクロ］ダイアログボックスの表示
Alt＋F11……ExcelとVBAの表示切り替え

作成するマクロ

13	No	品名	単価	数量	金額
14	1	テレビ 液晶60型	125,000	2	250,000
15	2	テレビ 液晶38型	130,000	3	390,000
16	3	洗濯機 全自動6Kg	50,000	3	150,000
17	4	洗濯機 ドラム式4Kg	55,000	6	330,000
18	5	洗濯機 ドラム式8Kg	80,000	3	240,000
19	6	冷蔵庫 250L	40,000	3	120,000
20	7	BDレコーダー HDD 500G	43,000	3	129,000
21	8	BDメディア 5枚パック 10パック入り	5,000	2	10,000
22					

1行置きに行の背景色を変更する

プログラムの内容

```
1 Sub 行の背景色設定()
2     Dim 行番号 As Integer
3     For 行番号 = 14 To 33 Step 2
4         Range(Cells(行番号, 1), Cells(行番号, 6)).Interior. _
5         ColorIndex = 36
6     Next 行番号
7 End Sub
```

【コード全文解説】

1 ここからマクロ［行の背景色設定］を開始する
2 ループカウンターとして変数「行番号」を整数型に定義する
3 変数「行番号」の値が14から33になるまで2つずつ増やす処理を繰り返す
4 セル（行番号、1）からセル（行番号、6）の範囲の背景の色を36（薄い黄色）に設定する
5 変数「行番号」の値を2つ増やして3行目に戻って条件を比較する
6 マクロを終了する

1 マクロの開始を宣言する

［For ～ NextステートメントⅡ.xlsm］をExcelで開いておく

レッスン15を参考にしてマクロをVBEで表示しておく

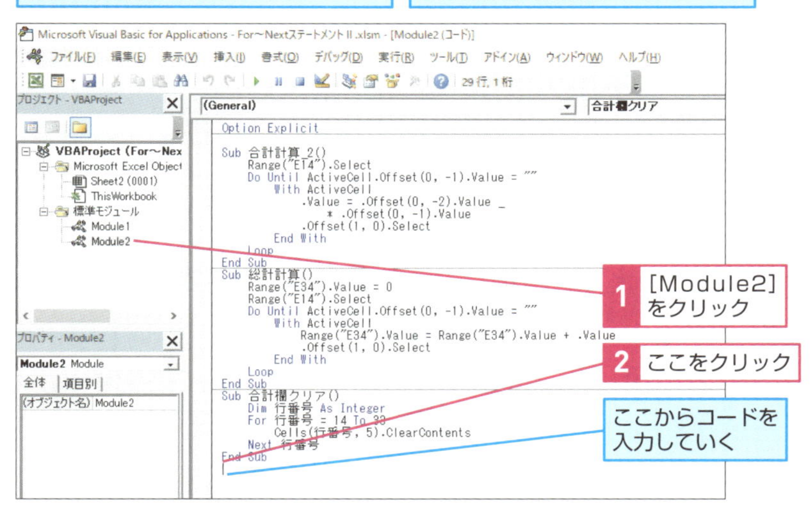

3 カーソルが移動した位置から以下のように入力

4 Enter キーを押す

```
sub␣行の背景色設定
```

2 変数を定義する

プロシージャの区切りを示す線が表示された

1 Tab キーを押す

```
Sub 行の背景色設定()
    |
```

2 カーソルが移動した位置から以下のように入力

3 Enter キーを押す

```
dim␣行番号␣as␣integer
```


3 For ~ Nextステートメントを入力する

```
Sub 行の背景色設定()
    Dim 行番号 As Integer
    |
End Sub
```

1 カーソルが移動した位置から以下のように入力

変数「行番号」の値を14 ~ 33に設定する

```
for␣行番号=14␣to␣33
```

⚠間違った場合は?

コードを半角の小文字で入力しているとき、Enter キーを押して改行しても入力したコードの頭文字が大文字に変わらないときは、入力したコードが間違っている場合があります。もう一度よく見て確認しましょう。

Hint!

入力済みのコードを再利用してもいい

For ~ Nextステートメントは、セルの値入力やクリア、書式設定などを繰り返すことが多いので、プロシージャが異なっていても、似たような内容を記述することになります。例えば、レッスン30で入力した［合計欄クリア］のプロシージャをコピーして編集した方が簡単な場合もあります。VBAのコードに慣れてきたら、コピーと貼り付けを実行して、コードを編集してみてもいいでしょう。

Hint!

ループカウンターの増分値は変更できる

手順4で入力している「step 2」は、ループカウンターの増分値です。例えば、2行置きにするときは「For 行番号 = 14 To 33 Step 3」と記述します。ループカウンター「行番号」は、「14、17、20、23、26、29」と増加し、「34」になると「行番号」が最終値の「33」を超えるので、ループが終了します。

Hint!

ループカウンターの増分値には負の値も指定できる

ループカウンターの増分値には、負の値や小数も指定できます。負の値の場合、ループカウンターの値が最終値より小さくなるとループが終了します。例えば、「For ループカウンター = 10 To 1 Step -1」とすると、ループカウンターが1ずつ減算され、「0」になるとループが終了します。なお、増分値に小数を指定するときはループカウンターも小数を扱える「Single」型などにする必要があります。

4 ループカウンターの増分値を設定する

1 半角の空白を入力

```
Sub 行の背景色設定()
    Dim 行番号 As Integer
    for 行番号=14 to 33 |
End Sub
```

2 カーソルが移動した位置から以下のように入力

3 Enter キーを押す

```
step␣2
```

変数「行番号」が14から16、18、20と2つずつ増えるように設定する

次のページに続く

5 セルの開始位置と終了位置を設定する

For～Nextステートメント内なので行頭を字下げする

1 Tabキーを押す

```
Sub 行の背景色設定()
    Dim 行番号 As Integer
    For 行番号 = 14 To 33 Step 2
        |
End Sub
```

2 カーソルが移動した位置から以下のように入力

```
range(cells(行番号,1),cells(行番号,6)).interior.
```

背景色を変更する最初のセルと最後のセルの位置をCellsプロパティで指定する

◆Interior
「背景」という意味のプロパティ。「Range("A1").Interior」で「セルA1の背景」という意味となる

1行が長くなるので行を分割して見やすくする

3 半角の空白を入力

4 「_」を入力

```
Sub 行の背景色設定()
    Dim 行番号 As Integer
    For 行番号 = 14 To 33 Step 2
        range(cells(行番号,1),cells(行番号,6)).interior. _
End Sub
```

5 Enterキーを押す

Hint! 複数行のセル範囲に背景色を設定するには

このレッスンでは、1行置きに背景色を設定していますが、連続する2行に背景色を設定するにはどうしたらいいでしょうか。そんなときは、Cellsプロパティの中で計算してみましょう。
連続する2行に背景色を設定するには、対角にセルを選択する必要があります。例えばこのレッスンで、セルA14～F15を選択する場合は「Range(Cells(行番号,1),Cells(行番号+1,6))」のように記述します。

Hint! 変数を使って色を変更する

手順6では、ColorIndexプロパティに色番号を直接指定しています。セルの背景色やフォントの色を変更する場合、1つずつ色番号を指定しても構いませんが、「色を後からまとめて変更したい」といったときには、色番号を指定するための変数を用意しておくと便利です。色番号は1～56までなので、「Dim 色番号 As Integer」のように､Integer型で宣言します。変数「色番号」を利用するには、「Range（"A1"）.Font.ColorIndex = 色番号」などと記述します。

●色番号の対応図

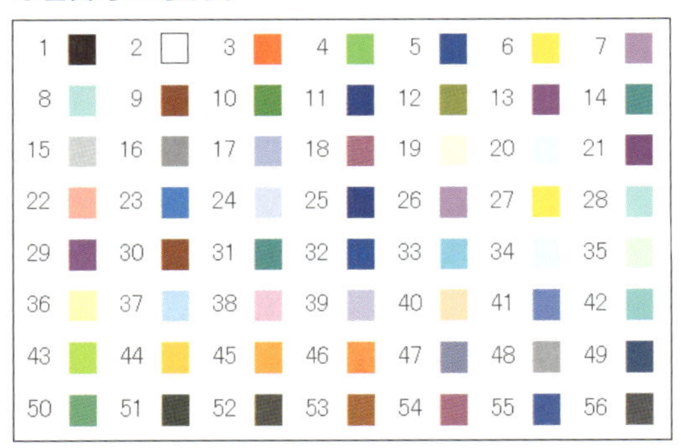

6 ColorIndexプロパティを入力する

```
Sub 行の背景色設定()
    Dim 行番号 As Integer
    For 行番号 = 14 To 33 Step 2
        range(cells(行番号,1),cells(行番号,6)).interior. _
        |
End Sub
```

1 カーソルが移動した位置から以下のように入力

2 Enter キーを押す

```
colorindex=36
```

◆ColorIndex
カラー パレットのインデックス番号で色を指定するプロパティ

ここでは36番を指定して背景色を薄い黄色に設定する

次のページに続く

7 For ～ Nextステートメントを終了する

For ～ Nextステートメントはここまでなのでインデントのレベルを1つ戻す

1 Back spaceキーを押す

```
Sub 行の背景色設定()
    Dim 行番号 As Integer
    For 行番号 = 14 To 33 Step 2
        Range(Cells(行番号, 1), Cells(行番号, 6)).Interior. _
        ColorIndex = 36
    |
End Sub
```

2 カーソルが移動した位置から以下のように入力

```
next␣行番号
```

```
Sub 行の背景色設定()
    Dim 行番号 As Integer
    For 行番号 = 14 To 33 Step 2
        Range(Cells(行番号, 1), Cells(行番号, 6)).Interior. _
        ColorIndex = 36
    Next 行番号
End Sub
|
```

3 ここをクリック

マクロの作成が終了した

4 コードが正しく入力できたかを確認

レッスン20を参考にマクロを上書き保存し、Excelに切り替えておく

レッスン20の手順7を参考に、[行の背景色設定]のマクロを実行しておく

Point 「Step」でループカウンターの増分を指定する

このレッスンでは1行置きに背景色を設定しています。1行置きということは、行番号は2つずつ増えることになります。このようなときは、For ～ NextステートメントでStepを使います。Stepは、Forでループカウンターの値を増やすときの増分値です。手順4では2行下を参照するように「Step 2」と記述しました。Stepの増分は負の値や小数などの値も設定できますが、初期値と最終値の関係をよく考えて、正しくループするように設定しましょう。

Hint!

変数の宣言を強制する「Option Explicit」

このレッスンでコードを追記している［Module2］の先頭には、レッスン18の設定により、「Option Explicit」という文字列が挿入されています。ここまでのレッスンではこの文字列の効果が実感できなかったかもしれませんが、このレッスンで使用している変数「行番号」を例に解説します。「Option Explicit」が挿入されていないときに「for 行番号 14 to 33」を「for 番号 14 to 33」と間違えて入力してもコードの内容は問題ありません。しかし、変数「番号」は定義されないまま使用されることになります。そのためマクロの実行時に、次の行の「cells（行番号,5)）.clearcontents」にある「行番号」に代入する値が存在せず、エラーが発生してしまいます。また、変数によっては、エラーが発生せず、見ためも問題ないように見えるコードになることもあります。このような間違い（バグ）を未然に防ぐために、変数の宣言を強制する「Option Explicit」が必ず入力されるように、レッスン18で解説した［変数の宣言を強制する］を設定しておきましょう。

変数の宣言を強制しておけば、マクロの実行時に定義していない変数がチェックされてエラーが表示される

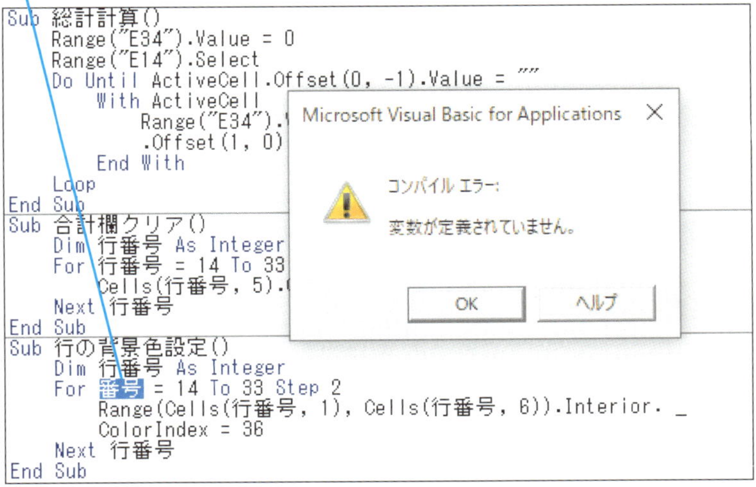

```
Sub 総計計算()
    Range("E34").Value = 0
    Range("E14").Select
    Do Until ActiveCell.Offset(0, -1).Value = ""
        With ActiveCell
            Range("E34").
            .Offset(1, 0)
        End With
    Loop
End Sub
Sub 合計欄クリア()
    Dim 行番号 As Integer
    For 行番号 = 14 To 33
        Cells(行番号, 5).
    Next 行番号
End Sub
Sub 行の背景色設定()
    Dim 行番号 As Integer
    For 番号 = 14 To 33 Step 2
        Range(Cells(行番号, 1), Cells(行番号, 6)).Interior. _
        ColorIndex = 36
    Next 行番号
End Sub
```

Microsoft Visual Basic for Applications

コンパイル エラー:

変数が定義されていません。

OK　ヘルプ

ステップアップ！

複数の条件で繰り返しを設定するには

繰り返しの条件として、複数の条件もまとめて指定できます。下の例のように複数の条件をそれぞれ「And」や「Or」という論理演算子でつなげて条件を記述してください。「And」は指定した条件がすべて満たされるときに使います。「Or」は条件のどれか1つが満たされればいいときに使いましょう。

サンプル Do ～ Loopステートメント I _活用例.xlsm

Before

```
Sub 合計計算_2()
    Range("E14").Select
    Do Until ActiveCell.Offset(0, -1).Value = ""
```

複数の条件をまとめて指定する

After

```
Sub 合計計算_2()
    Range("E14").Select
    Do While ActiveCell.Offset(0, -1).Value <> "" And ActiveCell.Offse
```

「Do Until」を「Do While」に書き換える

「And」で複数の条件を指定する

プログラムの内容

```
3  Do While ActiveCell.Offset(0, -1).Value <> "" And ActiveCell.Offset(0,
   1).Value <> "サービス"
```

【コードの解説】

3 現在選択している金額（E列）の1つ左のセル（数量）が空欄でなく、かつ1つ右のセル（備考）が「サービス」ではない間繰り返す

第 8 章

条件を指定して実行する処理を変える

この章では、条件によってマクロの処理を変える方法を解説します。セルの値などを判定して、その結果によって異なる処理を実行できるようになると、マクロを活用できる操作の幅が広がります。

レッスン 32

条件を指定して処理を変えるには

条件分岐

条件によってマクロの処理を変えたいときには、If ～ Thenステートメントを使います。このレッスンでは、If ～ Thenステートメントの仕組みと使い方を解説します。

If ～ Thenステートメントによる条件の分岐

マクロの実行中に、条件によって異なる処理をしたいときは、If ～ Thenステートメントを利用します。条件を満たすときに真（True)、条件を満たさないときに偽（False）となるような論理式を指定し、条件が「真（True)」のときだけ処理が実行されます。

●If ～ Thenステートメントの構文

If 条件 Then
　処理 1
End If
処理 2

[If（条件）Then] で指定した条件が満たされた場合、処理1を実行する

If ～ Thenステートメントの処理が完了したら実行される

●If ～ Thenステートメントの記述例

◆条件
セルA1の値が「1」であれば

◆処理1
セルA2の値を「2」に設定する

```
If Range("A1").Value = 1 Then
    Range("A2").Value = 2
End If
Range("A3").Value = 3
```

◆処理2
セルA3の値を「3」に設定する

複数条件の指定

指定したい条件が複数ある場合は、If ～ Thenステートメントの中で「ElseIf」を使います。ElseIfで指定した複数の条件は上から順番に判定されます。条件を満たした場合、対応する処理が実行され、それ以降は条件が判定されません。

●ElseIfの構文

[If（条件1）Then］で指定した条件が満たされた場合、処理1を実行する

ElseIf 条件2 Then

処理 2

[If（条件1）Then］を満たさずに、[ElseIf（条件2）Then］で指定した条件が満たされた場合、処理2を実行する

End If

処理 3

If ～ Thenステートメントの処理が完了したら実行される

●ElseIfの記述例

◆条件1
セルA1の値が「1」であれば

◆処理1
セルA2の値を「2」に設定する

```
If Range("A1").Value = 1 Then
        Range("A2").Value = 2
ElseIf Range("A1").Value = 2 Then
        Range("A2").Value = 3
End If
Range("A3").Value = 3
```

◆条件2
セルA1の値が「2」であれば

◆処理2
セルA2の値を「3」に設定する

◆処理3
セルA3の値を「3」に設定する

レッスン
33
セルの値によって処理を変えるには
If ～ Thenステートメント

このレッスンでは、指定した条件を満たすときに処理を実行するマクロを作成します。If ～ Thenステートメントの使い方や条件の記述方法などを理解しましょう。

サンプル If ～ Thenステートメント.xlsm

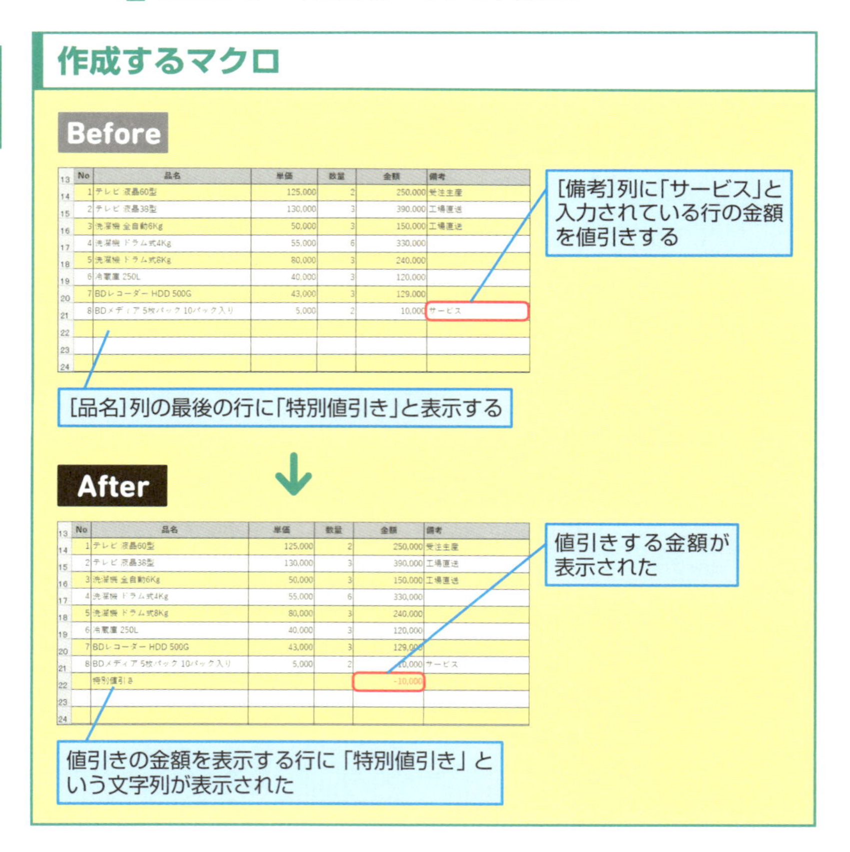

Before

	No	品名	単価	数量	金額	備考
14	1	テレビ 液晶60型	125,000	2	250,000	受注生産
15	2	テレビ 液晶38型	130,000	3	390,000	工場直送
16	3	洗濯機 全自動6Kg	50,000	3	150,000	工場直送
17	4	洗濯機 ドラム式4Kg	55,000	6	330,000	
18	5	洗濯機 ドラム式8Kg	80,000	3	240,000	
19	6	冷蔵庫 250L	40,000	3	120,000	
20	7	BDレコーダー HDD 500G	43,000	3	129,000	
21	8	BDメディア 5枚パック 10パック入り	5,000	2	10,000	サービス
22						
23						
24						

After

	No	品名	単価	数量	金額	備考
14	1	テレビ 液晶60型	125,000	2	250,000	受注生産
15	2	テレビ 液晶38型	130,000	3	390,000	工場直送
16	3	洗濯機 全自動6Kg	50,000	3	150,000	工場直送
17	4	洗濯機 ドラム式4Kg	55,000	6	330,000	
18	5	洗濯機 ドラム式8Kg	80,000	3	240,000	
19	6	冷蔵庫 250L	40,000	3	120,000	
20	7	BDレコーダー HDD 500G	43,000	3	129,000	
21	8	BDメディア 5枚パック 10パック入り	5,000	2	10,000	サービス
22		特別値引き			-10,000	
23						
24						

プログラムの内容

```
1  Sub␣総計計算_値引き()↵
2  Tab Dim␣行番号␣As␣Integer↵
3  Tab Dim␣値引き␣As␣Currency↵
4  Tab 行番号␣=␣14↵
5  Tab 値引き␣=␣0↵
6  Tab Do␣Until␣Cells(行番号,␣4).Value␣=␣""↵
7  Tab Tab If␣Cells(行番号,␣6).Value␣=␣"サービス"␣Then↵
8  Tab Tab Tab 値引き␣=␣値引き␣+␣Cells(行番号,␣5).Value↵
9  Tab Tab End␣If↵
10 Tab Tab 行番号␣=␣行番号␣+␣1↵
11 Tab Loop↵
12 Tab Cells(行番号,␣2).Value␣=␣"特別値引き"↵
13 Tab Cells(行番号,␣5).Value␣=␣値引き␣*␣-1↵
14 Tab Range("E34").Value␣=␣Range("E34").Value␣-␣値引き↵
15 End␣Sub
```

【コード全文解説】

1 ここからマクロ［総計計算_値引き］を開始する
2 変数「行番号」を整数型に定義する
3 変数「値引き」を通貨型に定義する
4 変数「行番号」に14を設定する
5 変数「値引き」に0を設定する
6 値が入力されていない（=""）セル（行番号、4）まで、以下の処理を繰り返す
7 もし、セル（行番号、6）の値が「サービス」であれば、
8 変数「値引き」に、変数「値引き」の値＋セル（行番号、5）の値を設定する
9 If ～ Thenステートメントを終了する
10 変数「行番号」に、変数「行番号」＋1の値を設定する
11 Do ～ Loopステートメントを終了する
12 セル（行番号、2）の値に、「特別値引き」の文字列を設定する
13 セル（行番号、5）の値に、変数「値引き」×-1の値を設定する
14 セルE34の値から変数「値引き」の値を減算してセルE34に設定する
15 マクロを終了する

次のページに続く

1 マクロの開始を宣言する

[If ～ Thenステートメント.xlsm] をExcelで開いておく

レッスン15を参考にマクロをVBEで表示しておく

レッスン19を参考に標準モジュールを追加しておく

1 [Module3]をダブルクリック

2 ここをクリック

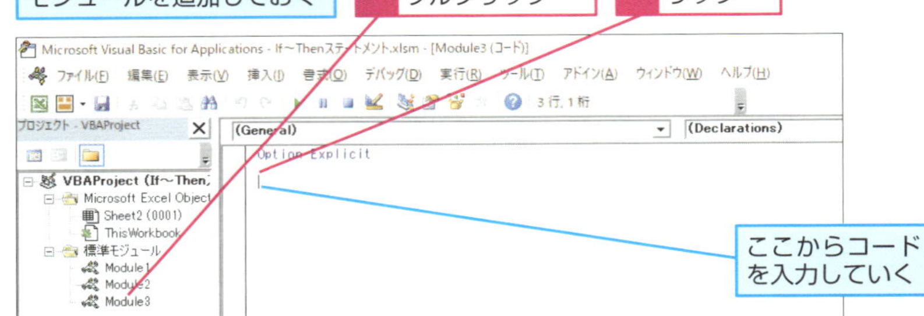

ここからコードを入力していく

3 カーソルが移動した位置から以下のように入力

4 Enter キーを押す

```
sub␣総計計算_値引き
```

Hint!
モジュール名を変更するには

手順1では、値引き用のマクロを記述するためにモジュールを追加しました。追加したモジュールは、自動的に「Module2」「Module3」のような連番が振られるので、そのままではマクロの内容が分かりにくいことがあります。以下のように操作して、モジュール名を変更しておくといいでしょう。

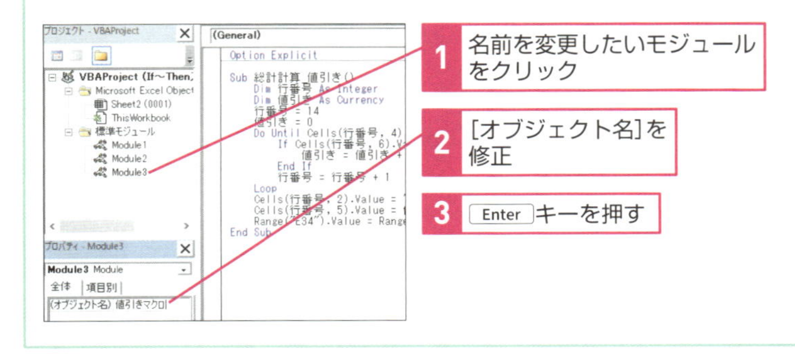

1 名前を変更したいモジュールをクリック

2 [オブジェクト名]を修正

3 Enter キーを押す

Hint!

変数はプロシージャの先頭でまとめて宣言しよう

プロシージャで使用する変数は、変数を使用する処理の前に宣言してあれば問題ありませんが、コードを見やすく記述するという観点から、プロシージャの先頭で宣言することを習慣付けましょう。変数をまとめて宣言することにより、プロシージャで使用する変数をすぐに把握できます。

2 変数「行番号」を定義する

1 Tab キーを押す

```
Sub 総計計算_値引き()
    |
End Sub
```

2 カーソルが移動した位置から以下のように入力

3 Enter キーを押す

```
dim␣行番号␣as␣integer
```

```
dim␣値引き␣as␣currency
```

3 変数「行番号」と変数「値引き」に値を設定する

参照する値が入力されているセル範囲は、14行目から始まるので変数「行番号」に14を設定する

```
Sub 総計計算_値引き()
    Dim 行番号 As Integer
    Dim 値引き As Currency
    |
End Sub
```

1 カーソルが移動した位置から以下のように入力

2 Enter キーを押す

```
行番号=14
```

```
値引き=0
```

誤った値引きがされないように、変数「値引き」に0を設定する

次のページに続く

4 Do ～ Loopステートメントを入力する

値が入力されていないセルになったらループを止める条件を設定する

```
Sub 総計計算_値引き()
    Dim 行番号 As Integer
    Dim 値引き As Currency
    行番号 = 14
    値引き = 0
    |
End Sub
```

1 カーソルが移動した位置から以下のように入力

2 Enter キーを押す

```
do␣until␣cells(行番号,4).value=""
```

5 If ～ Thenステートメントを入力する

Do ～ Loopステートメント内なので行頭を字下げする

1 Tab キーを押す

```
Sub 総計計算_値引き()
    Dim 行番号 As Integer
    Dim 値引き As Currency
    行番号 = 14
    値引き = 0
    Do Until Cells(行番号, 4).Value = ""
        |
End Sub
```

参照するセル([備考]列のセル)に「サービス」と入力されている場合のみ、Then以下の処理を行う

2 カーソルが移動した位置から以下のように入力

3 Enter キーを押す

```
if␣cells(行番号,6).value="サービス"then
```

Hint!

コード中の文字列は「"」でくくる

コードの中で文字列を表すときは、「"」でくくる必要があります。「"」でくくられていない文字列は、変数と認識され、逆に変数を「"」でくくると、文字列として認識されます。

6 条件を満たす場合の処理を入力する

If ～ Thenステートメント内なので さらに行頭を字下げする

1 Tab キーを押す

```
Sub 総計計算_値引き()
    Dim 行番号 As Integer
    Dim 値引き As Currency
    行番号 = 14
    値引き = 0
    Do Until Cells(行番号, 4).Value = ""
        If Cells(行番号, 6).Value = "サービス" Then
            |
End Sub
```

変数「値引き」にその行の商品の［金額］を加算して設定する

2 カーソルが移動した位置から以下のように入力

3 Enter キーを押す

```
値引き=値引き+cells(行番号,5).value
```

7 If ～ Thenステートメントを終了する

If ～ Thenステートメントはここまでなのでインデントのレベルを1つ戻す

1 Back space キーを押す

```
Sub 総計計算_値引き()
    Dim 行番号 As Integer
    Dim 値引き As Currency
    行番号 = 14
    値引き = 0
    Do Until Cells(行番号, 4).Value = ""
        If Cells(行番号, 6).Value = "サービス" Then
            値引き = 値引き + Cells(行番号, 5).Value
        |
End Sub
```

2 カーソルが移動した位置から以下のように入力

3 Enter キーを押す

```
end␣if
```

次のページに続く

8 変数「行番号」に値を設定する

次のループで今より1行下を参照するので、変数「行番号」に1を加算する

```
    値引き = 0
    Do Until Cells(行番号, 4).Value = ""
        If Cells(行番号, 6).Value = "サービス" Then
            値引き = 値引き + Cells(行番号, 5).Value
        End If
        |
End Sub
```

1 カーソルが移動した位置から以下のように入力

2 Enter キーを押す

```
行番号=行番号+1
```

9 Do ～ Loopステートメントを終了する

Do ～ Loopステートメントはここまでなのでインデントのレベルを1つ戻す

1 Back space キーを押す

```
    値引き = 0
    Do Until Cells(行番号, 4).Value = ""
        If Cells(行番号, 6).Value = "サービス" Then
            値引き = 値引き + Cells(行番号, 5).Value
        End If
        行番号 = 行番号 + 1
    |
End Sub
```

2 カーソルが移動した位置から以下のように入力

3 Enter キーを押す

```
loop
```

Hint!

「行番号 = 行番号 +1」を忘れずに

手順8では、「行番号 = 行番号+1」という数式を記述しています。これは、Do ～ Loopステートメントで次のループの処理を行う際に、1行下のセルを処理するため、変数「行番号」に1を足した値を、変数「行番号」に設定し直しているのです。この数式を記述し忘れてしまうと、同じセルばかり参照してしまい、ループの処理が終わらなくなってしまいます。数式を忘れずに入力しておきましょう。

10 セルに文字列を設定する

最後に参照したセルの1行下のセルに「特別値引き」という文字列を表示する

```
    Do Until Cells(行番号, 4).Value = ""
        If Cells(行番号, 6).Value = "サービス" Then
            値引き = 値引き + Cells(行番号, 5).Value
        End If
        行番号 = 行番号 + 1
    Loop
    |
End Sub
```

1 カーソルが移動した位置から以下のように入力

2 Enter キーを押す

```
cells(行番号,2).value="特別値引き"
```

11 セルに変数「値引き」の値を設定する

値引きする金額に「-」(マイナス)を付けて表示するため、変数「値引き」に-1を掛けた値を設定する

```
    Do Until Cells(行番号, 4).Value = ""
        If Cells(行番号, 6).Value = "サービス" Then
            値引き = 値引き + Cells(行番号, 5).Value
        End If
        行番号 = 行番号 + 1
    Loop
    Cells(行番号, 2).Value = "特別値引き"
    |
End Sub
```

1 カーソルが移動した位置から以下のように入力

2 Enter キーを押す

```
cells(行番号,5).value=値引き*-1
```

次のページに続く

12 セルの値を再計算する

合計金額(セルE34)を再計算する

```
    Loop
    Cells(行番号, 2).Value = "特別値引き"
    Cells(行番号, 5).Value = 値引き * -1
    |
End Sub
```

1 カーソルが移動した位置から以下のように入力

```
range("E34").value=range("E34").value-値引き
```

```
    Loop
    Cells(行番号, 2).Value = "特別値引き"
    Cells(行番号, 5).Value = 値引き * -1
    Range("E34").Value = Range("E34").Value - 値引き
End Sub
|
```

2 ここをクリック

マクロの作成が終了した

3 コードが正しく入力できたかを確認

レッスン20を参考にマクロを上書きし、[総計計算_値引き]のマクロを実行しておく

Point 条件を満たす場合のみ金額を累計する

このレッスンでは、[数量] 列に数量が入力されているかと、[備考] 列に「サービス」という文字列が入力されているかを判定しました。条件を満たす行が見つかると、変数「値引き」に、その行の金額が累計されます。If ～ Thenステートメントの終了後に、変数「行番号」に1を加算した値を設定しておくことがポイントです。この処理によって、次のループで1行下の判定が始まります。数量が入力されていない行（="")になるとループは終了し、Loopの次の行へ処理が移ります。このとき、変数「行番号」には、数量が入力されていない行（="")の行番号に1を加算した値が設定されないので、セルにデータが入力されている行の1行下に「特別値引き」の文字列と変数「値引き」の値を設定できるのです。

活用例 サンプル If ～ Thenステートメント_活用例.xlsx

マクロでアクティブセルを移動させる

このレッスンで作成したマクロを実行しても、アクティブセルは移動しません。これは、セルの値を直接参照して計算するためです。マクロでアクティブセルを移動させるには、RangeオブジェクトのSelectメソッドを使って移動先のセルを選択します。例えば、マクロでセルB5を選択したい場合は、CellsプロパティやRangeプロパティを使って「Cells(5, 2).Select」や「Range("B5").Select」と記述します。

Before

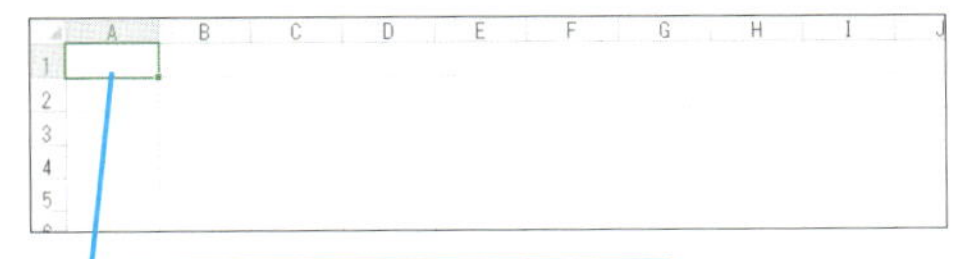

アクティブセルをB5に移動する

After

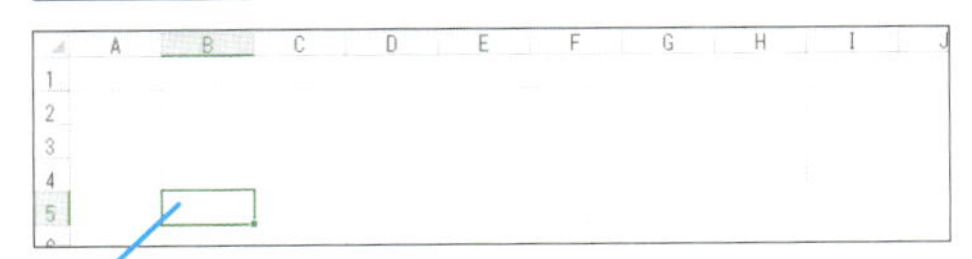

アクティブセルがB5に移動した

●Cellsプロパティの入力例

```
2 Cells(5, 2).Select
```

【コードの解説】

2 セルB5を選択する

●Rangeプロパティの入力例

```
2 Range("B5").Select
```

【コードの解説】

2 セルB5を選択する

レッスン 34

複数の条件を指定して処理を変えるには

ElseIf

今度は、If ～ Thenステートメントを使って、2つの条件があるコードを作成してみましょう。複数の条件で処理を分岐するにはElseIfを使います。

サンプル ElseIf.xlsm

ショートカットキー Alt＋F8……［マクロ］ダイアログボックスの表示
Alt＋F11…… ExcelとVBAの表示切り替え

作成するマクロ

［備考］列の内容によって、配送料を変えて加算する

［備考］列に「受注生産」という文字列があるときは、配送料800円を加算する

［備考］列に「工場直送」という文字列があるときは、配送料500円を加算する

13	No	品名	単価	数量	金額	備考
14	1	テレビ 液晶60型	125,000	2	250,000	受注生産
15	2	テレビ 液晶38型	130,000	3	390,000	工場直送
16	3	洗濯機 全自動6Kg	50,000	3	150,000	工場直送
17	4	洗濯機 ドラム式4Kg	55,000	6	330,000	
18	5	洗濯機 ドラム式8Kg	80,000	3	240,000	
19	6	冷蔵庫 250L	40,000	3	120,000	
20	7	BDレコーダー HDD 500G	43,000	3	129,000	
21	8	BDメディア 5枚パック 10パック入り	5,000	2	10,000	サービス
22		特別値引き			-10,000	
23		配送料			1,800	
24						

最後の行に「配送料」という文字列が表示された

配送料が表示された

プログラムの内容

```
1  Sub␣総計計算_送料()↵
2  Tab Dim␣行番号␣As␣Integer↵
3  Tab Dim␣工場直送送料␣As␣Currency↵
4  Tab Dim␣受注生産送料␣As␣Currency↵
5  Tab Dim␣送料合計␣As␣Currency↵
6  Tab 行番号␣=␣14↵
7  Tab 送料合計␣=␣0↵
8  Tab 工場直送送料=␣500↵
9  Tab 受注生産送料=␣800↵
10 Tab Do␣Until␣Cells(行番号,␣4).Value␣=␣""↵
11 Tab Tab If␣Cells(行番号,␣6).Value␣=␣"工場直送"␣Then↵
12 Tab Tab Tab 送料合計␣=␣送料合計␣+␣工場直送送料↵
13 Tab Tab ElseIf␣Cells(行番号,␣6).Value␣=␣"受注生産"␣Then↵
14 Tab Tab Tab 送料合計␣=␣送料合計␣+␣受注生産送料↵
15 Tab Tab End␣If↵
16 Tab Tab 行番号␣=␣行番号␣+␣1↵
17 Tab Loop↵
18 Tab If␣Cells(行番号,␣5).Value␣<>␣""␣Then↵
19 Tab Tab 行番号␣=␣行番号␣+␣1↵
20 Tab End␣If↵
21 Tab Cells(行番号,␣2).Value␣=␣"配送料"↵
22 Tab Cells(行番号,␣5).Value␣=␣送料合計↵
23 Tab Range("E34").Value␣=␣Range("E34").Value␣+␣送料合計↵
24 End␣Sub↵
```

次のページに続く

【コード全文解説】

1 ここからマクロ［総計計算_送料］を開始する
2 変数「行番号」を整数型に定義する
3 変数「工場直送送料」を通貨型に定義する
4 変数「受注生産送料」を通貨型に定義する
5 変数「送料合計」を通貨型に定義する
6 変数「行番号」に14を設定する
7 変数「送料合計」に0を設定する
8 変数「工場直送送料」に500を設定する
9 変数「受注生産送料」に800を設定する
10 値が入力されていない（=""）セル（行番号、4）まで、以下の処理を繰り返す
11 もし、セル（行番号、6）の値が「工場直送」であれば、
12 変数「送料合計」に、変数「送料合計」＋ 変数「工場直送送料」の値を設定する
13 もし、セル（行番号、6）の値が「受注生産」であれば、
14 変数「送料合計」に、変数「送料合計」＋ 変数「受注生産送料」の値を設定する
15 If ～ Thenステートメントを終了する
16 変数「行番号」に、変数「行番号」＋1の値を設定する
17 Do ～ Loopステートメントを終了する
18 もし、セル（行番号、5）に値が入力されている（<>""）のであれば、
19 変数「行番号」に、変数「行番号」＋1の値を設定する
20 If ～ Thenステートメントを終了する
21 セル（行番号、2）の値に「配送料」の文字列を設定する
22 セル（行番号、5）の値に、変数「送料合計」の値を設定する
23 セルE34の値に変数「送料合計」の値を加算してセルE34に設定する
24 マクロを終了する

Hint!

定数の宣言と値の設定は最初に行う

179ページのHINT!でも解説しましたが、変数の宣言と値の設定は、プロシージャの先頭で行いましょう。変数は使用する直前までに宣言しておけば、マクロの動作には問題ありませんが、コードの途中で変数を宣言したり、値を設定したりするとコードが分かりにくくなってしまいます。

1 マクロの開始を宣言する

[ElseIf.xlsm] をExcelで開いておく

レッスン15を参考にマクロをVBEで表示しておく

1 [Module3] をダブルクリック

2 ここをクリック

ここからコードを入力していく

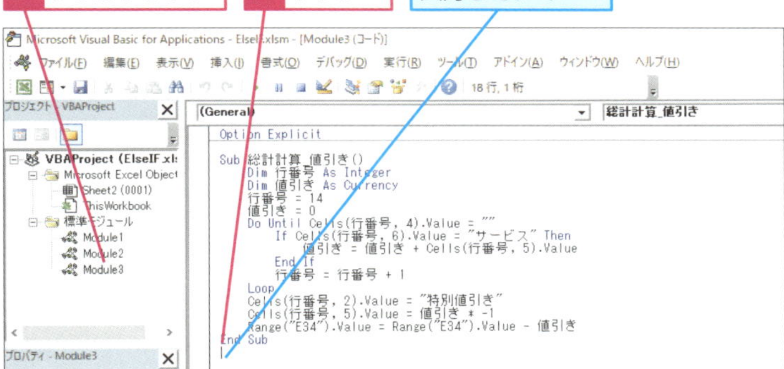

3 カーソルが移動した位置から以下のように入力

4 Enter キーを押す

```
sub␣総計計算_送料
```

2 セルに変数「値引き」の値を設定する

1 Tab キーを押す

```
Sub 総計計算_送料()
    |
End Sub
```

2 カーソルが移動した位置から以下のように入力

3 Enter キーを押す

```
dim␣行番号␣as␣integer
```

```
dim␣工場直送送料␣as␣currency
```

```
dim␣受注生産送料␣as␣currency
```

```
dim␣送料合計␣as␣currency
```

次のページに続く

3 変数に値を設定する

参照する値が入力されているセル範囲は、14行目から始まるので変数「行番号」に14を設定する

```
Sub 総計計算_送料()
    Dim 行番号 As Integer
    Dim 工場直送送料 As Integer
    Dim 受注生産送料 As Currency
    Dim 送料合計 As Currency
    |
End Sub
```

1 カーソルが移動した位置から以下のように入力

2 Enter キーを押す

```
行番号=14
```

```
送料合計=0
```

```
工場直送送料=500
```

```
受注生産送料=800
```

誤った送料が加算されないように、変数「送料合計」には0を設定する

変数「工場直送送料」には500、変数「受注生産送料」には800を設定する

Hint! 変数に値を設定して「定数」として扱う

手順3では変数「工場直送送料」に「500」、変数「受注生産送料」に「800」を設定しています。これら2つの変数は、ほかの変数と異なり、コード中で値が更新されることはありません。このように最初に設定したら、コードの最後まで同じ値のままで使用するものを定数と呼びます。

Hint! 定数を使うメリットとは

このレッスンで作成するマクロでは、変数「工場直送送料」と変数「受注生産送料」を定数として利用しています。これは、将来的に「送料」が変更された場合、コードの修正個所が少なくなるように考慮しているためです。該当の「送料」に、直接数値を指定することもできますが、後で「送料」が変更された場合、該当する個所をすべて修正するのが面倒です。定数を使えれば、最初に設定している部分を1個所修正するだけでいいので、便利です。

4 Do ～ Loopステートメントを入力する

値の入力されていないセルになったらループを止めるように条件を設定する

```
Sub 総計計算_送料()
    Dim 行番号 As Integer
    Dim 工場直送送料 As Integer
    Dim 受注生産送料 As Currency
    Dim 送料合計 As Currency
    行番号 = 14
    送料合計 = 0
    工場直送送料 = 500
    受注生産送料 = 800
    |
End Sub
```

1 カーソルが移動した位置から以下のように入力

2 Enter キーを押す

```
do␣until␣cells(行番号,4).value=""
```

5 If ～ Thenステートメントを入力する

Do ～ Loopステートメント内なので行頭を字下げする

1 Tab キーを押す

```
    行番号 = 14
    送料合計 = 0
    工場直送送料 = 500
    受注生産送料 = 800
    Do Until Cells(行番号, 4).Value = ""
        |
End Sub
```

2 カーソルが移動した位置から以下のように入力

3 Enter キーを押す

参照するセル([備考]列のセル)に「工場直送」と入力されている場合に、Then以下の処理を行う

```
if␣cells(行番号,6).value="工場直送"then
```

34 ElseIf

次のページに続く

6 1つ目の条件を満たす場合の処理を入力する

If ～ Thenステートメント内なので
さらに行頭を字下げする

1 Tab キーを押す

```
    送料合計 = 0
    工場直送送料 = 500
    受注生産送料 = 800
    Do Until Cells(行番号, 4).Value = ""
        If Cells(行番号, 6).Value = "工場直送" Then
            |
End Sub
```

変数「送料合計」に変数「工場直送送料」の
値(500)を加算する

2 カーソルが移動した位置から以下のように入力

3 Enter キーを押す

```
送料合計=送料合計+工場直送送料
```


7 If ～ Thenステートメントの2つ目の条件を設定する

もう1つの条件を設定するので
インデントのレベルを1つ戻す

1 Back space キーを押す

```
    工場直送送料 = 500
    受注生産送料 = 800
    Do Until Cells(行番号, 4).Value = ""
        If Cells(行番号, 6).Value = "工場直送" Then
            送料合計 = 送料合計 + 工場直送送料
        |
End Sub
```

参照するセル([備考]列のセル)に「受注生産」と
入力されている場合に、Then以下の処理を行う

2 カーソルが移動した位置から以下のように入力

3 Enter キーを押す

```
elseif␣cells(行番号,6).value="受注生産"then
```

複数の「ElseIf」で条件を指定しても「End If」は1つだけ記述する

If ～ Thenステートメントで複数の条件を指定するには、手順7のように「ElseIf」を使います。「ElseIf」を複数指定して条件をいくつでも指定できますが、「End If」は最後に1つだけ記述します。「If ～ Then」と「End If」は対になっているので、間にElseIfがいくつあっても関係ありません。

8 2つ目の条件を満たす場合の処理を入力する

2つ目の条件を満たす場合の処理を記述するので行頭を字下げする

1 Tab キーを押す

```
    Do Until Cells(行番号, 4).Value = ""
        If Cells(行番号, 6).Value = "工場直送" Then
            送料合計 = 送料合計 + 工場直送送料
        ElseIf Cells(行番号, 6).Value = "受注生産" Then
            |
End Sub
```

変数「送料合計」に変数「受注生産」の値(800)を加算する

2 カーソルが移動した位置から以下のように入力

3 Enter キーを押す

```
送料合計=送料合計+受注生産送料
```

9 If ～ Thenステートメントを終了する

If ～ Thenステートメントはここまでなのでインデントのレベルを1つ戻す

1 Back space キーを押す

```
    Do Until Cells(行番号, 4).Value = ""
        If Cells(行番号, 6).Value = "工場直送" Then
            送料合計 = 送料合計 + 工場直送送料
        ElseIf Cells(行番号, 6).Value = "受注生産" Then
            送料合計 = 送料合計 + 受注生産送料
        |
End Sub
```

2 カーソルが移動した位置から以下のように入力

3 Enter キーを押す

```
end␣if
```

次のページに続く

10 変数「行番号」に値を設定する

次のループで今より1行下を参照するので、変数「行番号」に1を加算する

```
        End If
        |
End Sub
```

1 カーソルが移動した位置から以下のように入力

2 Enterキーを押す

```
行番号=行番号+1
```

11 Do ~ Loopステートメントを終了する

Do ~ Loopステートメントはここまでなのでインデントのレベルを1つ戻す

1 Back spaceキーを押す

```
        End If
        行番号 = 行番号 + 1
    |
End Sub
```

2 カーソルが移動した位置から以下のように入力

3 Enterキーを押す

```
loop
```

Hint!

「<>」は「等しくない」を表す比較演算子

手順12の条件にある「<>」は、左辺と右辺の値が等しくないことを表す比較演算子です。左辺と右辺が等しくない（一致しない）ときに「真（True)」になり、等しいとき（一致するとき）に偽（False）になります。「""」はセルに何も入力されていない状態（空のセル）を表します。ここでは、セルの内容と「""」が、等しくないかどうかを比較しているので、セルに何らかのデータが入力されていているとき、条件は「真（True)」となり、Then以下の処理が実行されます。

12 もう1つのIf ～ Thenステートメントを入力する

参照するセル（[金額] 列のセル）に値が入力されている場合に、Then以下の処理を行う

```
        End If
        行番号 = 行番号 + 1
    Loop
    |
End Sub
```

1 カーソルが移動した位置から以下のように入力

2 Enterキーを押す

```
if␣cells(行番号,5).value<>""then
```

If ～ Thenステートメント内なので行頭を字下げする

3 Tabキーを押す

値が入力されている行の1行下に文字列と値を表示するので、変数「行番号」に1を加算する

```
    Loop
    If Cells(行番号, 5).Value <> "" Then
        |
End Sub
```

4 カーソルが移動した位置から以下のように入力

5 Enterキーを押す

```
行番号=行番号+1
```

If ～ Thenステートメントはここまでなのでインデントのレベルを1つ戻す

6 Back spaceキーを押す

```
    If Cells(行番号, 5).Value <> "" Then
        行番号 = 行番号 + 1
    |
End Sub
```

7 カーソルが移動した位置から以下のように入力

8 Enterキーを押す

```
end␣if
```

次のページに続く

13 セルの値を設定する

最後に参照したセルの1行下のセルに「配送料」という文字を表示させる

送料として、変数「送料合計」の値を表示させる

```
    Loop
    If Cells(行番号, 5).Value <> "" Then
        行番号 = 行番号 + 1
    End If
    |
End Sub
```

1 カーソルが移動した位置から以下のように入力

2 Enter キーを押す

```
cells(行番号,2).value="配送料"
```

```
cells(行番号,5).value=送料合計
```


14 セルの値を再計算する

合計金額(セルE34)を再計算する

```
    If Cells(行番号, 5).Value <> "" Then
        行番号 = 行番号 + 1
    End If
    Cells(行番号, 2).Value = "配送料"
    Cells(行番号, 5).Value = 送料合計
    |
End Sub
```

1 カーソルが移動した位置から以下のように入力

```
range("E34").value=range("E34").value+送料合計
```

⚠間違った場合は?

コードの命令を半角の小文字で入力しているとき、Enter キーを押して改行しても入力したコードの頭文字が大文字に変わらないときは、入力したコードが間違っている場合があります。もう一度よく確認してみましょう。

15 入力したコードを確認する

```
    Do Until Cells(行番号, 4).Value = ""
        If Cells(行番号, 6).Value = "工場直送" Then
            送料合計 = 送料合計 + 工場直送送料
        ElseIf Cells(行番号, 6).Value = "受注生産" Then
            送料合計 = 送料合計 + 受注生産送料
        End If
        行番号 = 行番号 + 1
    Loop
    If Cells(行番号, 5).Value <> "" Then
        行番号 = 行番号 + 1
    End If
    Cells(行番号, 2).Value = "配送料"
    Cells(行番号, 5).Value = 送料合計
    Range("E34").Value = Range("E34").Value + 送料合計
End Sub
```

1 ここをクリック

マクロの作成が終了した

2 コードが正しく入力できたかを確認

レッスン20を参考にマクロを上書き保存し、Excelに切り替えておく

レッスン20の手順7を参考に、[総計計算_送料]のマクロを実行しておく

Point If ～ Thenステートメントの条件は上から順番に判定される

If ～ ThenステートメントIの中でElseIfを使い、複数の条件による処理の分岐をするとき、条件の判定は上から順に行われ、条件が最初に満たされた個所の処理が実行されます。このレッスンでは、[備考] 列に「工場直送」という文字列が入力されていれば、500円、「受注生産」という文字列が入力されていれば、800円を送料として加算するマクロを作成しました。「工場直送」の場合、その後「受注生産」かどうか、という条件判定は行われず、送料を足す処理のみを行って次の処理（Loop）に進みます。つまり「受注生産」になっているかどうかという判定が行われるのは、「工場直送」と入力されていないセルのみ、ということになります。コードをよく見て、全体の流れを理解するようにしましょう。

ステップアップ！

マクロの実行中の状況を確認する

マクロの実行結果が思い通りにならなかったときには、マクロの問題点を見つけ出して修正するデバッグという作業を行います。デバッグでは、マクロの実行中にセルや変数の内容がどのようになっているか、実行中の状況を確認してみましょう。VBAの「Debug.Print」命令を使うと、マクロの実行中にセルや変数の内容をVBEのイミディエイト ウィンドウに表示できます。「Debug.Print」に続けて、Rangeオブジェクトや変数名を記述すれば、その内容が［イミディエイトウィンドウ］に表示されます。

●コードの入力

◆Debug.Print
セルや変数の内容を［イミディエイト ウィンドウ］に表示できる

```
Sub 総計計算_値引き()
    Dim 行番号 As Integer
    Dim 値引き As Currency
    行番号 = 14
    値引き = 0
    Do Until Cells(行番号, 4).Value = ""
    Debug.Print "行番号=" & 行番号 & "です"
    Debug.Print "金額=" & Cells(行番号, 5) & "です"
    Debug.Print "備考=" & Cells(行番号, 6) & "です"
    If Cells(行番号, 6).Value = "サービス" Then
    値引き = 値引き + Cells(行番号, 5).Value
```

●［イミディエイト ウィンドウ］の表示

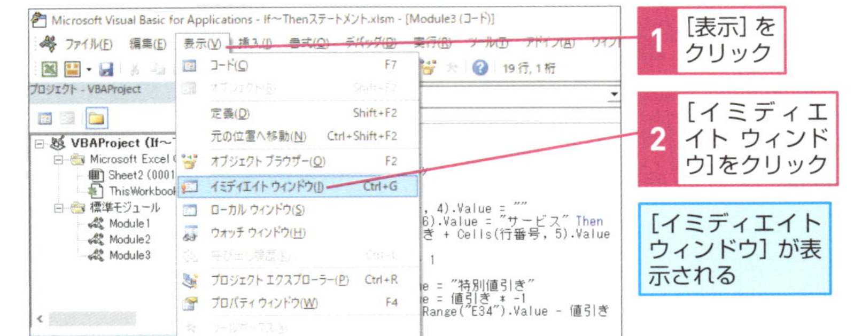

第9章

もっとマクロを使いこなす

この章ではVBAの応用編として、VBAをもっと便利に使うための方法をいくつか紹介します。ここで紹介している内容を覚えれば、マクロがより使いやすくなるでしょう。

レッスン 35

VBAで作成したマクロを組み合わせるには

マクロの組み合わせ

VBAでも、複数のマクロを組み合わせて、一連の処理を行うマクロを簡単に作成できます。ここでは、VBAでマクロを組み合わせる方法を解説します。

サンプル マクロの組み合わせ.xlsm

ショートカットキー Alt ＋ F8 …… ［マクロ］ダイアログボックスの表示

Alt ＋ F11 …… ExcelとVBAの表示切り替え

作成するマクロ

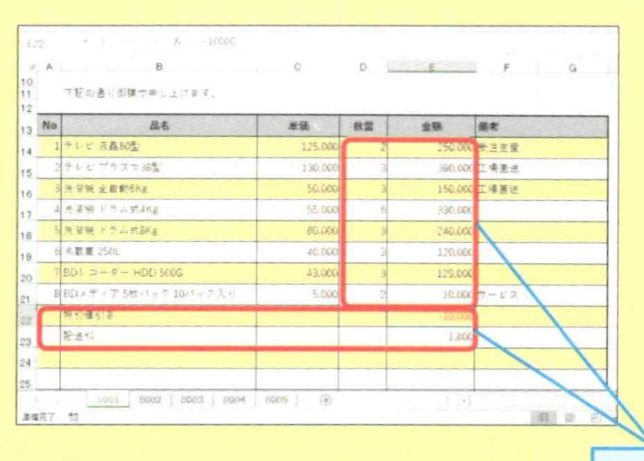

VBAで指定したマクロを一気に実行できる

プログラムの内容

```
1 Sub␣請求書計算実行()↵
2 Tab 合計欄クリア↵
3 Tab 合計計算_2↵
4 Tab 総計計算↵
5 Tab 総計計算_値引き↵
6 Tab 総計計算_送料↵
7 End␣Sub↵
```

【コード全文解説】

1 ここからマクロ［請求書計算実行］を開始する
2 マクロ［合計欄クリア］を実行する
3 マクロ［合計計算_2］を実行する
4 マクロ［総計計算］を実行する
5 マクロ［総計計算_値引き］を実行する
6 マクロ［総計計算_送料］を実行する
7 マクロを終了する

1 モジュールを挿入する

［マクロの組み合わせ.xlsm］をExcelで開いておく

レッスン15を参考にマクロをVBEで表示しておく

レッスン19を参考に標準モジュールを追加しておく

1 ［Module8］をダブルクリック

2 ここをクリック

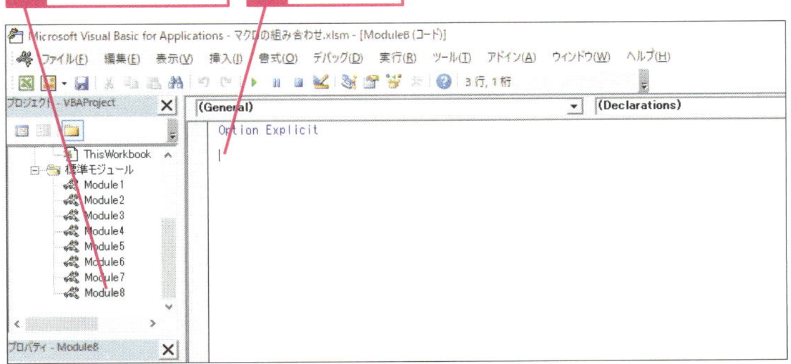

3 カーソルが移動した位置から以下のように入力

4 Enter キーを押す

```
sub_請求書計算実行
```

次のページに続く

2 実行するマクロを指定する

実行したいマクロ名を記述していく

1 Tabキーを押す

```
Sub 請求書計算実行()
    |
End Sub
```

2 カーソルが移動した位置から以下のように入力

3 Enterキーを押す

```
合計欄クリア
```

3 続けて実行するマクロを指定する

```
Sub 請求書計算実行()
    合計欄クリア
    |
End Sub
```

1 カーソルが移動した位置から以下のように入力

2 Enterキーを押す

```
合計計算_2
```

```
総計計算
```

```
総計計算_値引き
```

```
総計計算_送料
```


Hint!

マクロには処理内容が分かりやすい名前を付ける

VBAで複数のマクロを組み合わせるには、作成済みのマクロ名（プロシージャ名）を記述するだけです。単純な機能のマクロを分割して作成しておけば、後でマクロを組み合わせるのも簡単です。ただし、マクロの数が多くなり過ぎて把握できない事態を避けるために、マクロの処理内容が分かるような適切な名前を付けておきましょう。

4 入力したコードを確認する

```
Sub 請求書計算実行()
    合計欄クリア
    合計計算_2
    総計計算
    総計計算_値引き
    総計計算_送料
End Sub
```

1 ここをクリック

マクロの作成が終了した

2 コードが正しく入力できたかを確認

レッスン20を参考にマクロを上書き保存し、Excelに切り替えておく

レッスン20の手順7を参考に、[請求書計算実行]のマクロを実行しておく

Point 処理に応じてマクロを分割できる

マクロを作成するときは、1つのマクロで複数の処理を行わずに、単純な処理を行うマクロに分割しておくことがポイントです。1つ1つのマクロが少ないコードで記述してあれば、間違いを少なくできる上、コードを修正するのも簡単です。また、新しく別のマクロを作るときに、作成済みのマクロを「部品」のように再利用できます。まず、処理の内容をどのように分割できるかを考えてから、作業を始めることが大切です。マクロの分割と再利用を考えれば、よりプログラミングの世界が広がります。

レッスン 36

画面にメッセージを表示するには

MsgBox関数

MsgBox関数を使うと、マクロの実行中に処理を確認するメッセージボックスを表示できます。このレッスンでは、MsgBox関数を使ったマクロを紹介します。

サンプル MsgBox関数.xlsm

ショートカットキー Alt + F8 …… [マクロ] ダイアログボックスの表示

Alt + F11 …… ExcelとVBAの表示切り替え

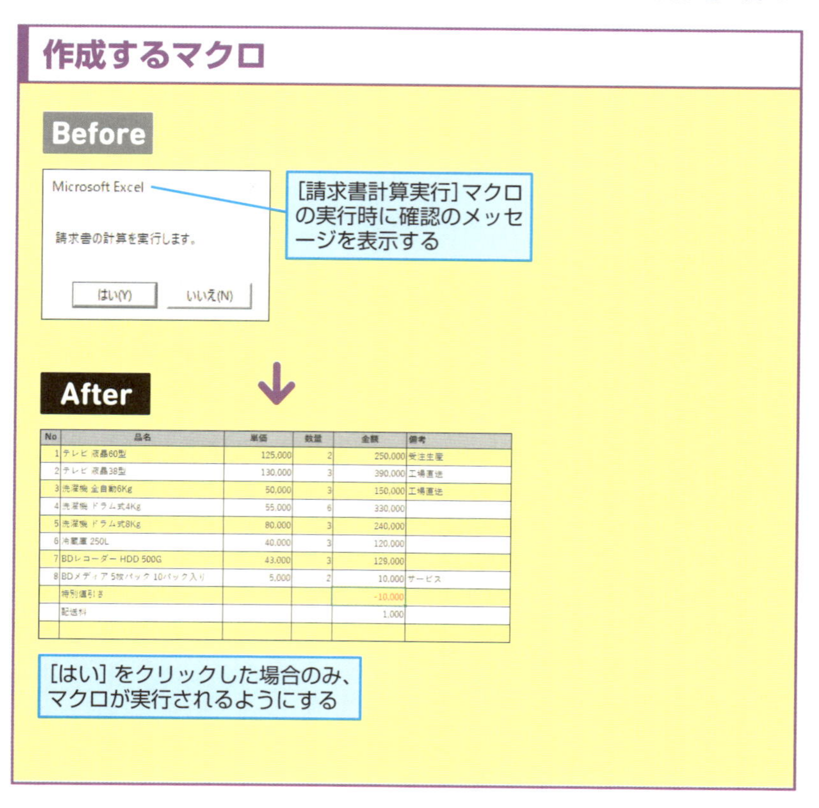

No	品名	単価	数量	金額	備考
1	テレビ 液晶60型	125,000	2	250,000	受注生産
2	テレビ 液晶38型	130,000	3	390,000	工場直送
3	洗濯機 全自動6Kg	50,000	3	150,000	工場直送
4	洗濯機 ドラム式4Kg	55,000	6	330,000	
5	洗濯機 ドラム式8Kg	80,000	3	240,000	
6	冷蔵庫 250L	40,000	3	120,000	
7	BDレコーダー HDD 500G	43,000	3	129,000	
8	BDメディア 5枚パック 10パック入り	5,000	2	10,000	サービス
	特別値引き			-10,000	
	配送料			1,000	

プログラムの内容

```
1  Sub 請求書計算実行()
2      Dim 確認 As Integer
3      確認 = MsgBox("請求書の計算を実行します。", vbYesNo)
4      If 確認 = vbNo Then
5          MsgBox"処理を中止します。"
6          Exit Sub
7      End If
8      合計欄クリア
9      合計計算_2
10     総計計算
11     総計計算_値引き
12     総計計算_送料
13 End Sub
```

【コードの解説】

1 ここからマクロ［請求書計算実行］を開始する
2 変数「確認」をInteger型に定義する
3 メッセージボックスを表示して、変数「確認」に、クリックされたボタンの戻り値を設定する
4 もし変数「確認」の値がvbNo（［いいえ］ボタンの戻り値）であれば、
5 メッセージボックスを表示する
6 マクロを終了する
7 If ～ Thenステートメントを終了する
8 マクロ［合計欄クリア］を実行する
9 マクロ［合計計算_2］を実行する
10 マクロ［総計計算］を実行する
11 マクロ［総計計算_値引き］を実行する
12 マクロ［総計計算_送料］を実行する
13 マクロを終了する

次のページに続く

1 改行を挿入する

[MsgBox関数.xlsm] をExcelで開いておく

レッスン15を参考にしてマクロをVBEで表示しておく

1 [Module8] をダブルクリック

2 ここをクリック

コードを修正するので、改行して行を挿入する

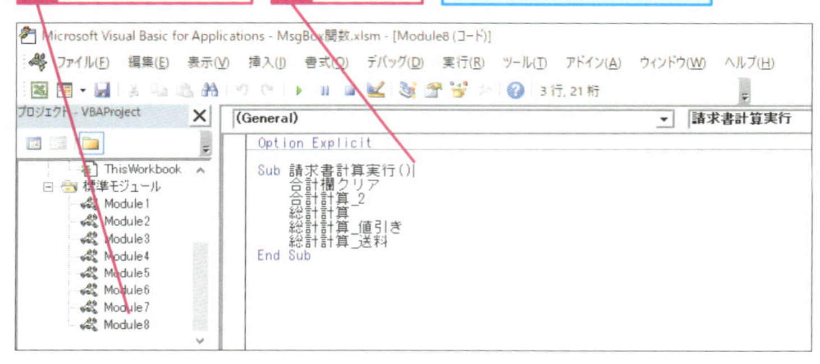

3 Enter キーを押す

2 変数「確認」を定義する

挿入した行にコードを入力していく

1 Tab キーを押す

```
Sub 請求書計算実行()
    |
    合計欄クリア
    合計計算_2
    総計計算
    総計計算_値引き
    総計計算_送料
End Sub
```

2 カーソルが移動した位置から以下のように入力

3 Enter キーを押す

```
dim␣確認␣as␣integer
```

Hint!

「vbYesNo」って何？

手順3で入力するvbYesNoとは、メッセージボックスに表示するボタンの種類を表します。「vbYesNo」と指定した場合、メッセージボックスには［はい］と［いいえ］の2つのボタンが表示されます。メッセージボックスの活用方法については、211ページの活用例を参考にしてください。

Hint!

クリックされたボタンの値を判定する

手順3では、メッセージボックスでクリックされたボタンの戻り値を変数「確認」に設定しています。手順4で記述した「If 確認 = vbNoThen」のコードは、［いいえ］ボタンがクリックされたかどうか（変数「確認」の値がvbNoかどうか）を判定していることになります。

3 MsgBox関数を入力する

メッセージボックスを表示して、クリックされたボタンの戻り値を変数「確認」に設定する

```
Sub 請求書計算実行()
    Dim 確認 As Integer
    |
    合計欄クリア
    合計計算_2
    総計計算
    総計計算_値引き
    総計計算_送料
End Sub
```

1 カーソルが移動した位置から以下のように入力

2 Enterキーを押す

```
確認=msgbox("請求書の計算を実行します。",vbyesno)
```

次のページに続く

4 If ～ Thenステートメントを入力する

メッセージボックスでクリックされたボタンが[いいえ]（vbNo）の場合のみ、Then以下の処理を行う

```
Sub 請求書計算実行()
    Dim 確認 As Integer
    確認 = MsgBox("請求書の計算を実行します。", vbYesNo)
    |
    合計欄クリア
    合計計算_2
    総計計算
    総計計算_値引き
    総計計算_送料
End Sub
```

1 カーソルが移動した位置から以下のように入力

2 Enter キーを押す

```
if␣確認=vbno␣then
```

5 条件を満たす場合の処理を入力する

変数「確認」の値が「vbNo」だった場合に表示されるメッセージを設定するので、行頭を字下げする

1 Tab キーを押す

```
Sub 請求書計算実行()
    Dim 確認 As Integer
    確認 = MsgBox("請求書の計算を実行します。", vbYesNo)
    If 確認 = vbNo Then
        |
    合計欄クリア
    合計計算_2
    総計計算
    総計計算_値引き
    総計計算_送料
End Sub
```

2 カーソルが移動した位置から以下のように入力

3 Enter キーを押す

```
msgbox"処理を中止します。"
```

Hint!

「戻り値」を覚えておこう

メッセージボックスのボタンには、あらかじめ戻り値と呼ばれる値が割り当てられています。ボタンにより戻り値が異なるため、クリックされたボタンによって処理を分岐できるわけです。なお、戻り値は「vbNo」や「vbCancel」の代わりに、「7」や「2」などの数値で判定することもできます。メッセージボックスで利用できるボタンの戻り値については、以下の表を参照してください。

●ボタンの戻り値

クリックしたボタン	戻り値	値
OK	vbOK	1
キャンセル	vbCancel	2
中止(A)	vbAbort	3
再試行(R)	vbRetry	4
無視(I)	vbIgnore	5
はい(Y)	vbYes	6
いいえ(N)	vbNo	7

6 マクロを終了する

マクロが終了するように設定する

```
Sub 請求書計算実行()
    Dim 確認 As Integer
    確認 = MsgBox("請求書の計算を実行します。", vbYesNo)
    If 確認 = vbNo Then
        MsgBox "処理を中止します。"
        |
    合計欄クリア
    合計計算_2
    総計計算
    総計計算_値引き
    総計計算_送料
End Sub
```

1 カーソルが移動した位置から以下のように入力

2 Enter キーを押す

```
exit␣sub
```

◆Exit Sub
Subプロシージャを終了する（マクロを終了する）

次のページに続く

7 If ～ Thenステートメントを終了する

If ～ Thenステートメントはここまでなのでインデントのレベルを１つ戻す

1 Back spaceキーを押す

2 カーソルが移動した位置から以下のように入力

```
end␣if
```

```
Sub 請求書計算実行()
    Dim 確認 As Integer
    確認 = MsgBox("請求書の計算を実行します。", vbYesNo)
    If 確認 = vbNo Then
        MsgBox "処理を中止します。"
        Exit Sub
    End If
    合計欄クリア
    合計計算_2
    総計計算
    総計計算_値引き
    総計計算_送料
End Sub
|
```

3 ここをクリック

マクロの作成が終了した

4 コードが正しく入力できたかを確認

レッスン20を参考にマクロを上書き保存し、Excelに切り替えておく

レッスン20の手順7を参考に、[請求書計算実行]のマクロを実行しておく

Point ボタンのクリックで処理を選択できる

MsgBoxはいくつかの引数を伴う関数ですが、ここではメッセージボックス内に表示するメッセージとボタンの種類を設定しました。メッセージとタイトルは、指定した文字列がそのまま表示されます。ボタンの種類にはいくつかのパターンがあり、それらをVBAの組み込み定数で指定します。MsgBox関数を使って表示したメッセージボックスは、ユーザーがクリックしたボタンの種類によって組み込み定数の値が設定されます。このレッスンでは、その値を変数「確認」に代入し、その後If ～ Thenステートメントでメッセージを表示するかどうかの判定をしています。

活用例 サンプル MsgBox関数_活用例.xlsm

マクロの実行を一時停止して状況を確認する

マクロをデバッグするときに実行中の変数やセルの内容を確認する方法として、198ページのステップアップ！ではDebug.Printを紹介しました。Debug.Printでは、マクロの実行が終わるまで状況を確認できませんが、MsgBox関数を使えばマクロの実行を一時停止して状況を確認できます。例えばレッスン34で作成した「総計計算_送料」のマクロに以下のような命令を追加すると、マクロを行ごとに一時停止してメッセージボックスに行番号や備考欄の内容、送料の合計を表示できます。Debug.PrintやMsgBoxを上手に使えば、マクロの問題点や処理の流れを把握しやすくなります。

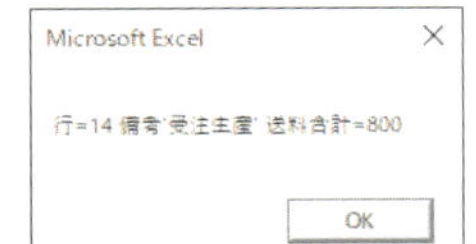

マクロを実行すると1行ごとに、内容を確認するダイアログボックスが表示される

レッスン34で作成したプログラム

```
        ElseIf Cells(行番号, 6).Value = "受注生産" Then
            送料合計 = 送料合計 + 受注生産送料
            End If
            行番号 = 行番号 + 1
        Loop
```

15行目の後に以下のコードを追加する

追加するプログラムの内容

```
1  MsgBox "行=" & 行番号 & " 備考='" _
2  & Cells(行番号, 6).Value & "' 送料合計=" & 送料合計
3  行番号 = 行番号 + 1
```

【コードの解説】

1 メッセージボックスを表示して、「行=」という文字列と 変数［行番号］の現在の値、「 備考=」という文字列と

2 行番号が変数［行番号］、列番号が6（6列目、つまり［備考］列）のセルの内容と「 送料合計=」という文字列と変数「送料合計」の現在の値を表示する

3 変数［行番号］のループカウンターを1つ増やして処理を繰り返す

レッスン 37

ダイアログボックスからデータを入力するには

InputBox関数

マクロの実行中に、何らかの値をキーボードから入力したいときには、InputBox関数を使うといいでしょう。ここでは、InputBox関数の使い方を紹介します。

サンプル InputBox関数.xlsm

ショートカットキー Alt + F8 …… [マクロ] ダイアログボックスの表示

Alt + F11 …… ExcelとVBAの表示切り替え

作成するマクロ

Before

ダイアログボックスから入力した請求日をセルに設定する

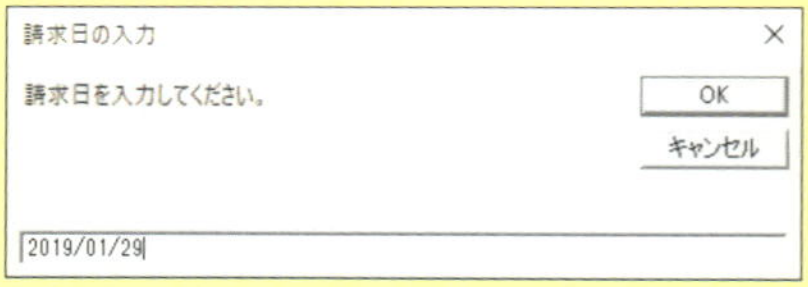

請求日の入力

請求日を入力してください。

OK

キャンセル

2019/01/29

After

入力した値から支払期日を表示する

ダイアログボックスから入力した値を表示できる

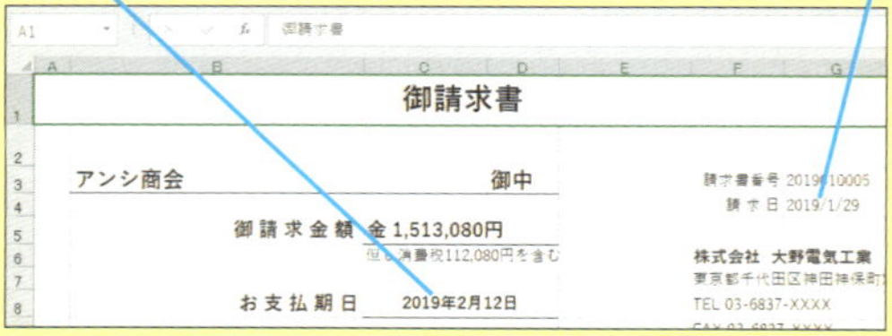

御請求書

アンシ商会 御中

請求書番号 2019110005

請求日 2019/1/29

御請求金額 金1,513,080円

株式会社 大野電気工業

お支払期日 2019年2月12日

TEL 03-6837-XXXX

プログラムの内容

```
1  Sub 請求日入力()
2      Dim 請求日 As Variant
3      請求日 = InputBox("請求日を入力してください。", _
4          "請求日の入力", Date)
5      If Not IsDate(請求日) Then
6          MsgBox _
7              "入力された値は日付形式ではありません。処理を中止します。"
8          Exit Sub
9      End If
10     ActiveSheet.Range("G4").Value = 請求日
11     支払期日設定
12 End Sub
```

【コードの解説】

1 ここからマクロ［請求日入力］を開始する
2 変数「請求日」をVariant型に定義する
3 ダイアログボックスにメッセージを表示する
4 マクロ実行時の日付をテキストボックスの初期値に設定して、入力された値を変数「請求日」に設定する
5 もし、変数「請求日」の値が日付形式でなければ、
6 メッセージを表示する
7 表示するメッセージの内容
8 マクロを終了する
9 If ～ Thenステートメントを終了する
10 アクティブシートのセルG4に変数「請求日」の値を設定する
11 マクロ［支払期日設定］を実行する
12 マクロを終了する

次のページに続く

1 マクロの開始を宣言する

[InputBox関数.xlsm]をExcelで開いておく

レッスン15を参考にしてマクロをVBEで表示しておく

1 [Module8] をダブルクリック

2 ここをクリック

ここからコードを入力していく

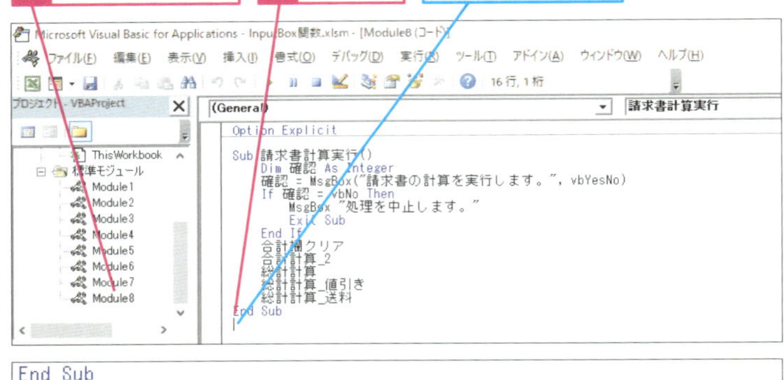


```
End Sub
|
```

3 カーソルが移動した位置から以下のように入力

4 Enter キーを押す

```
sub␣請求日入力
```

Hint!

なぜ「請求日」はVariant型で宣言するの？

変数「請求日」は日付型の「Date」ではなく、Variantで宣言しています。「請求日」は、InputBox関数で入力された請求日のデータを格納する変数です。間違って文字などの日付以外のデータが入力されてもエラーにならないために、どのようなデータ型でも格納できるVariantを使います。

2 変数「請求日」を定義する

1 Tab キーを押す

```
Sub 請求日入力()
    |
End Sub
```

2 カーソルが移動した位置から以下のように入力

3 Enter キーを押す

```
dim␣請求日␣as␣variant
```

3 InputBox関数を入力する

表示されるダイアログボックスのメッセージを設定する

1行が長くなるので、行を分割して見やすくする

```
Sub 請求日入力()
    Dim 請求日 As Variant
    |
End Sub
```

1 カーソルが移動した位置から以下のように入力

2 Enter キーを押す

```
請求日=inputbox("請求日を入力してください。",␣_
```

◆InputBox（メッセージ,タイトル,初期値）
テキストボックス付きのダイアログボックスを表示する関数。表示するメッセージやタイトル、初期値を指定する

次のページに続く

4 InputBox関数の続きを入力する

表示されるダイアログボックスのタイトルと初期値を設定する

上の行から続いていることを表すために行頭を字下げする

1 Tabキーを押す

```
Sub 請求日入力()
    Dim 請求日 As Variant
    請求日=inputbox("請求日を入力してください。", _
        |
End Sub
```

2 カーソルが移動した位置から以下のように入力

3 Enterキーを押す

```
"請求日の入力",␣date)
```

5 If Not ～ Thenステートメントを入力する

入力された値が日付形式(yyyy/mm/dd)でない場合のみ、Then以下の処理を行う

1 Back spaceキーを押す

```
Sub 請求日入力()
    Dim 請求日 As Variant
    請求日 = InputBox("請求日を入力してください。", _
        "請求日の入力", Date)
    |
End Sub
```

2 カーソルが移動した位置から以下のように入力

3 Enterキーを押す

```
if␣not␣isdate(請求日)␣then
```

◆IsDate（○○）
○○が日付形式がどうかをチェックする関数

Hint!

IsDate関数で日付かどうかを調べる

IsDate関数は、変数に日付として有効なデータが格納されているか調べる関数です。有効な場合は「真（True)」、無効なときは「偽（False)」を返します。日付として有効なデータとは、「2019/11/1」や「11/1」、「11月1日」などのデータで、「-1/5」や「13/2」など日付として認識されないデータや文字などは、無効なデータとして「False」を返します。

6 条件を満たす場合の処理を入力する

1 Tab キーを押す

```
Sub 請求日入力()
    Dim 請求日 As Variant
    請求日 = InputBox("請求日を入力してください。", _
        "請求日の入力", Date)
    If Not IsDate(請求日) Then
        |
End Sub
```

2 カーソルが移動した位置から以下のように入力

3 Enter キーを押す

```
msgbox␣_
```

7 条件を満たす場合の処理の続きを入力する

上の行から続いていることを表すために行頭を字下げする

1 Tab キーを押す

```
Sub 請求日入力()
    Dim 請求日 As Variant
    請求日 = InputBox("請求日を入力してください。", _
        "請求日の入力", Date)
    If Not IsDate(請求日) Then
        msgbox _
            |
End Sub
```

2 カーソルが移動した位置から以下のように入力

3 Enter キーを押す

```
"入力された値は日付形式ではありません。処理を中止します。"
```

次のページに続く

8 マクロを終了するように設定する

1 Back space キーを押す

```
Sub 請求日入力()
    Dim 請求日 As Variant
    請求日 = InputBox("請求日を入力してください。", _
        "請求日の入力", Date)
    If Not IsDate(請求日) Then
        MsgBox
            "入力された値は日付形式ではありません。処理を中止します。"
        |
End Sub
```

2 カーソルが移動した位置から以下のように入力

3 Enter キーを押す

```
exit␣sub
```

9 If Not ～ Thenステートメントを終了する

If Not ～ Thenステートメントはここまでなのでインデントのレベルを1つ戻す

1 Back space キーを押す

```
Sub 請求日入力()
    Dim 請求日 As Variant
    請求日 = InputBox("請求日を入力してください。", _
        "請求日の入力", Date)
    If Not IsDate(請求日) Then
        MsgBox
            "入力された値は日付形式ではありません。処理を中止します。"
        Exit Sub
    |
End Sub
```

2 カーソルが移動した位置から以下のように入力

3 Enter キーを押す

```
end␣if
```

Hint!

マクロの実行前にコードを確認しておく

コードの入力時に、構文エラーなどは自動でチェックされますが、プログラムとして正しく動作するかはチェックされません。VBAの構文としては正しくても、条件文の設定や、ループの終了条件など、コードの内容に間違いがあれば、プログラムは正しく動作しません。コードの入力が完了したら、内容が正しいか、もう一度確認するようにしましょう。

10 変数「請求日」の値をセルに設定する

変数「請求日」の値をセルG4に設定する

```
Sub 請求日入力()
    Dim 請求日 As Variant
    請求日 = InputBox("請求日を入力してください。", _
        "請求日の入力", Date)
    If Not IsDate(請求日) Then
        MsgBox
            "入力された値は日付形式ではありません。処理を中止します。"
        Exit Sub
    End If
    |
End Sub
```

1 カーソルが移動した位置から以下のように入力

2 Enter キーを押す

```
activesheet.range("G4").value=請求日
```

間違った場合は?

マクロが正しく実行されなかったときは、[マクロ] ダイアログボックスでマクロを選択後、[編集] ボタンをクリックして、VBEでコードを修正します。

次のページに続く

11 実行するマクロを指定する

セルG4に設定した日付データから支払期日を求めるため、[支払期日設定]のマクロを実行する

1 カーソルが移動した位置から以下のように入力

支払期日設定

```
Sub 請求日入力()
    Dim 請求日 As Variant
    請求日 = InputBox("請求日を入力してください。", _
        "請求日の入力", Date)
    If Not IsDate(請求日) Then
        MsgBox
            "入力された値は日付形式ではありません。処理を中止します。"
        Exit Sub
    End If
    ActiveSheet.Range("G4").Value = 請求日
    支払期日設定
End Sub
```

2 ここをクリック

マクロの作成が終了した

3 コードが正しく入力できたかを確認

レッスン20を参考にマクロを上書き保存し、Excelに切り替えておく

レッスン20の手順7を参考に、「請求日入力」のマクロを実行しておく

Point InputBox関数でデータの入力を受け付ける

InputBox関数を使えば、マクロの実行中に、データを入力できます。InputBox関数も、MsgBox関数と同じように、いくつかの引数とともに使用します。ここでは、タイトルと入力を促すメッセージ、テキストボックスの既定値を指定しました。InputBox関数は、Enterキーを押すか［OK］ボタンをクリックすると、テキストボックスの値を返します。［キャンセル］ボタンがクリックされると、長さが0の空の文字「""」を返します。このレッスンでは、返された値を、変数「請求日」で受け取って、IsDate関数で日付として正しい値が入力されているかを確認しています。

Hint!

InputBoxやMsgBoxの長い文字列を改行して表示する

InputBoxやMsgBoxを使うとメッセージを自由に表示できることはこれまでのレッスンで紹介しました。演算子の「&」（アンパサンド）や定数のvbCrLfを使うと、複数の文字列や変数の内容を連結したり、任意の位置で改行してメッセージを表示したりすることができます。「&」は文字列を連結する演算子で、文字列や変数の内容を連結して1つの文字列にします。vbCrLfは、画面上で改行をするための「改行文字」という特別な文字を表すVBAの定数です。vbCrLfを連結した文字列を画面に表示すると、vbCrLfのところで改行されて、2行に分けてメッセージを表示できます。

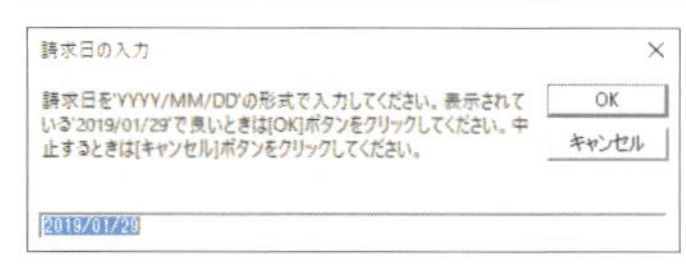

After

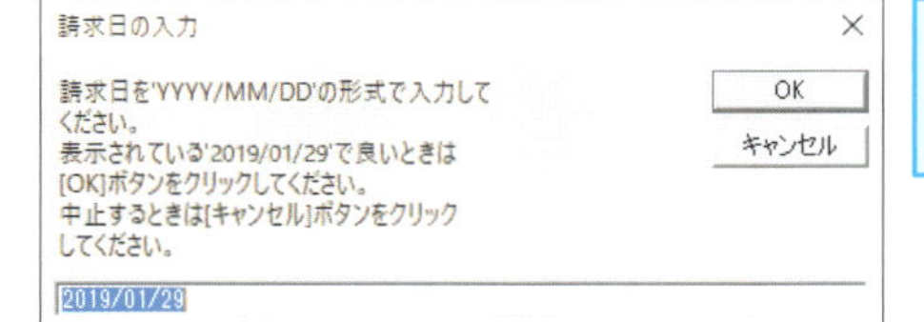

任意の位置で改行を入れてメッセージを表示できる

●入力例

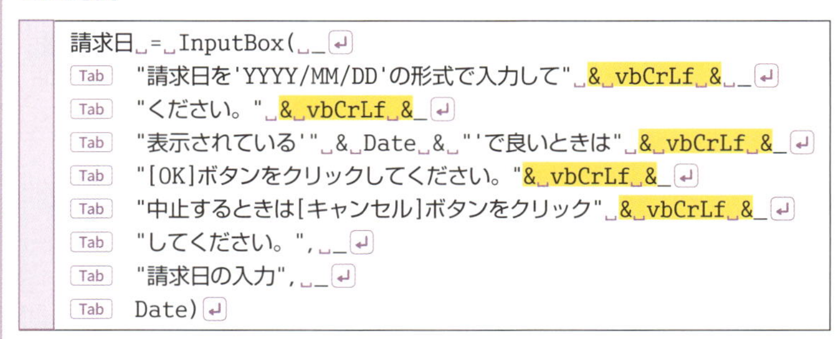

```
請求日 = InputBox( _
	"請求日を'YYYY/MM/DD'の形式で入力して" & vbCrLf & _
	"ください。" & vbCrLf & _
	"表示されている'" & Date & "'で良いときは" & vbCrLf & _
	"[OK]ボタンをクリックしてください。"& vbCrLf & _
	"中止するときは[キャンセル]ボタンをクリック" & vbCrLf & _
	"してください。", _
	"請求日の入力", _
	Date)
```

レッスン 38

ブックを開いたときにマクロを自動実行するには

Workbook.Openイベント

ブックやシートを操作したときに自動的にマクロを実行できます。このレッスンではブックを開いたときに自動で実行するマクロの作成方法を解説します。

サンプル Workbook.Openイベント.xlsm

ショートカットキー Alt＋F8……［マクロ］ダイアログボックスの表示

作成するマクロ

プログラムの内容

```
1 Private Sub Workbook_Open()
2     With ThisWorkbook
3         ChDrive .Path
4         ChDir .Path
5     End With
6 End Sub
```

【コードの解説】

1 ここからマクロ［Workbook_Open］を開始する
2 以下の構文の冒頭にある［ThisWorkbook］を省略する（Withステートメントを開始する）
3 このブックと同じディスクドライブに移動する
4 このブックと同じフォルダーに移動する
5 Withステートメントを終了する
6 マクロを終了する

1 モジュールを挿入する

[Workbook.Openイベント.xlsm] をExcelで開いておく

レッスン15を参考にマクロをVBEで表示しておく

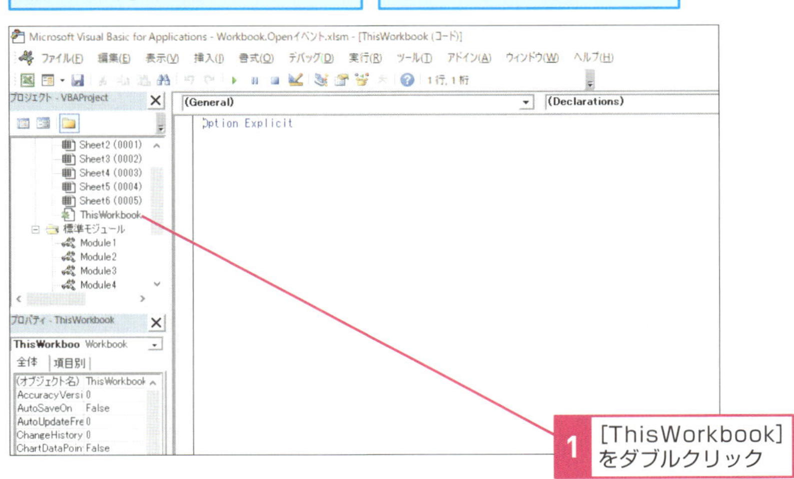

Hint!

ブックのイベントマクロはブックのモジュールシートに記述する

マクロは［標準モジュール］に記述しましたが、イベントマクロはブックやシートのモジュールに記述します。ブックやブックのすべてのシートに関するイベントはブックのモジュール、特定のシートに関するイベントはそのシートのモジュールにマクロを記述します。

次のページに続く

2 Openイベントを選択する

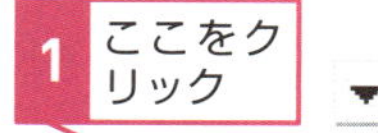

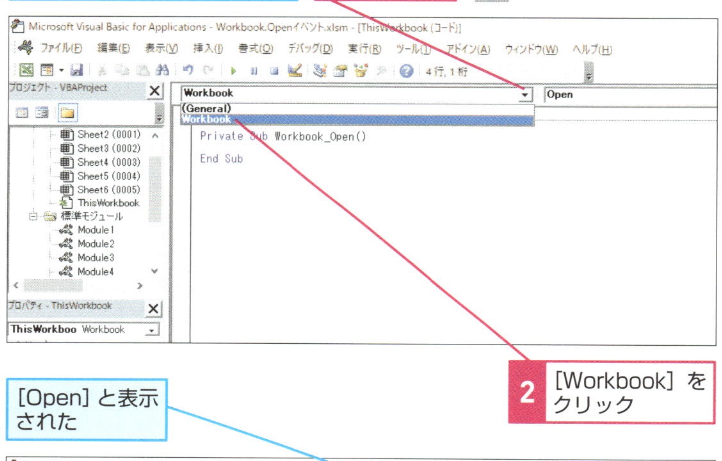

2 [Workbook] をクリック

[Open] と表示された

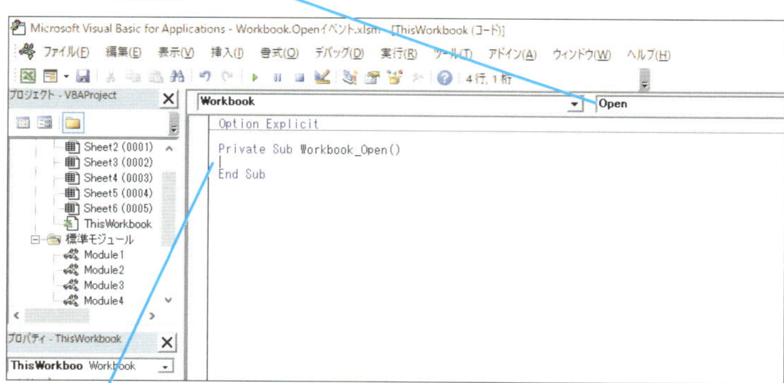

ここからコードを入力していく

Hint!

ブックのOpenイベントは開くたびに実行される

Openイベントは、ブックを開くたびに自動実行されます。ブックを開いたときに日付を自動的に変更したり、参照する関連のブックを開くなど、いつも行う作業が自動的に実行されるので便利です。

3 Withステートメントを入力する

1 Tabキーを押す

自動的にマクロを実行するブックを開いたブックに設定する

```
Private Sub Workbook_Open()

End Sub
```

2 カーソルが移動した位置から以下のように入力

3 Enterキーを押す

```
with␣thisworkbook
```

4 移動する作業フォルダーのドライブを設定する

1 Tabキーを押す

```
Private Sub Workbook_Open()
    With ThisWorkbook

End Sub
```

2 カーソルが移動した位置から以下のように入力

3 Enterキーを押す

```
chdrive␣.path
```

◆ChDrive
作業ドライブを変更するメソッド。このマクロが記述されているブックと同じドライブに移動するという意味

5 移動する作業フォルダーを設定する

```
Private Sub Workbook_Open()
    With ThisWorkbook
        ChDrive .Path

End Sub
```

1 カーソルが移動した位置から以下のように入力

2 Enterキーを押す

```
chdir␣.path
```

次のページに続く

6 Withステートメントを終了する

1 Back spaceキーを押す

2 カーソルが移動した位置から以下のように入力

```
end␣with
```

```
Private Sub Workbook_Open()
    With ThisWorkbook
        ChDrive .Path
        ChDir .Path
    End With
End Sub
```

3 ここをクリック

マクロの作成が終了した

4 コードが正しく入力できたかを確認

レッスン20を参考にマクロを上書き保存し、Excelを終了しておく

ブックを開き、マクロを自動実行しておく

Point イベントプロシージャを使うとマクロを自動で実行できる

「ブックを開く」「ワークシートを選択する」「セルをダブルクリックする」など、Excelを操作するとイベントが発生します。VBAではイベントが発生すると、それに対する［イベントプロシージャ］というマクロが自動的に実行されます。ブックを開いたときに行う操作をOpenイベントに登録すれば、ブックを開くだけで自動的にマクロが実行されます。ここで解説したOpenイベントを以外にも、ブックやワークシートに関するさまざまなイベントが用意されています。詳しくは次ページのHint!を参考にしてください。

Hint!

主なイベントを覚えておこう

Excelのイベントには以下のようなイベントがあります。ワークシートのイベントは、特定のワークシートだけのイベントマクロを作るときに使用します。ワークシートのモジュールに記述したイベントマクロは、そのワークシートで発生したイベント以外は実行されません。ブックのイベントは、ブックやブック内のシートを操作することで発生します。ブックのイベントで名前の先頭に「Sheet」が付いているものは、ブック内のシートで発生したイベントで実行されます。その場合、イベントマクロにはどのシートで発生したイベントか分かるように、シートオブジェクトの参照が通知されます。

●シート（Worksheet）の主なイベント

イベント名	イベントが発生するタイミング	受け取れる主な情報
Activate	選択したとき	特になし
Calculate	セルの内容を再計算した後	特になし
Change	セルの内容を変更したとき	変更したセルのRangeオブジェクト
Deactivate	別のワークシートを選択したとき	特になし

●ブック（Workbook）の主なイベント

イベント名	イベントが発生するタイミング	受け取れる主な情報
Activate	選択したとき	特になし
AfterSave	保存するときに保存された後	特になし
BeforeClose	閉じるときに閉じる前	特になし
BeforeSave	保存するときに保存される前	特になし
Deactivate	別のブックを選択したとき	特になし
NewSheet	新しいシートを追加したとき	新しく追加したシートのシートオブジェクト
Open	開いたとき	特になし
SheetActivate	ワークシートを選択したとき	選択したシートのシートオブジェクト

ステップアップ！

引数でメッセージボックスをカスタマイズできる

レッスン36で作成したメッセージボックスでは、「請求書の計算を実行します。」のメッセージと［はい］ボタン、［いいえ］ボタンを表示しますが、MsgBox関数の引数を変更すれば、さまざまなメッセージボックスを作成できます。メッセージの内容に関連したアイコンや処理に応じたボタンを用意してメッセージボックスをカスタマイズしてみましょう。下の表の定数を利用して「MsgBox("（表示するメッセージ）",（ボタンの定数）+（アイコンの定数）, "（タイトル）")」のように指定します。なお、ボタンとアイコンに割り当てられている値を利用すれば「MsgBox("請求書の計算を実行します。", 3 + 64, "確認")」と記述できます。

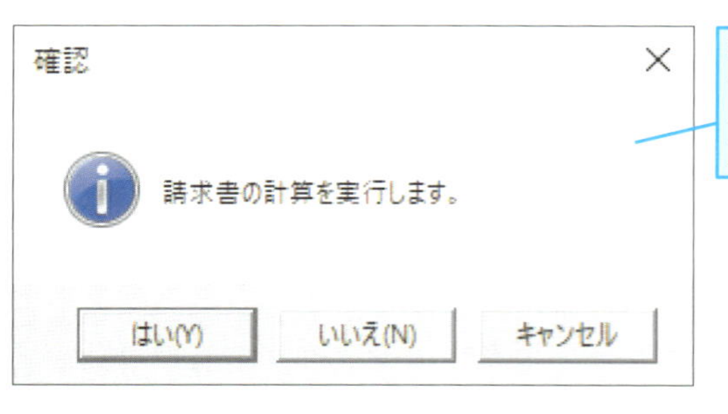

引数を変更すれば、メッセージボックスに表示するボタンやアイコンをカスタマイズできる

●ボタンを指定する定数

定数	ボタン	値
vbOKOnly	OK	0
vbOKCancel	OK キャンセル	1
vbAbortRetryIgnore	中止(A) 再試行(R) 無視(I)	2
vbYesNoCancel	はい(Y) いいえ(N) キャンセル	3
vbYesNo	はい(Y) いいえ(N)	4
vbRetryCancel	再試行(R) キャンセル	5

●アイコンを指定する定数

定数	アイコン	値
vbCritical		16
vbQuestion		32
vbExclamation		48
vbInformation		64

付録

VBA用語集

ここでは、本書で紹介したプロパティやメソッド、ステートメントといったVBAの用語をアルファベット順に並べています。各語のかっこ内には用語の種類、右には意味と使用例を掲載しています。VBEでコードを記述するときに参考にしてください。なお、VBAには多くの用語が用意されていますが、マクロを作るには、まずはこれらの用語の意味と使用例を覚えておくといいでしょう。

A

ActiveCell （プロパティ）	意　味　アクティブなセル 使用例　`ActiveCell.Value = 20` …アクティブセルの値に20を設定する
ActiveSheet （プロパティ）	意　味　アクティブなワークシート 使用例　`ActiveSheet.PrintOut` …アクティブなワークシートを印刷する

C

Cells （プロパティ）	意　味　セルの範囲 使用例　`Cells(3,2).Select` …セル(3,2)（=セルB3)を選択する
ClearContents （メソッド）	意　味　数式や文字を削除する 使用例　`Range("A1").ClearContents` …セルA1の数式や文字を削除する
ColorIndex （プロパティ）	意　味　色 使用例　`Range("A1").Font.ColorIndex = 3` …セルA1の文字の色を赤(3)に設定する

付録

Copy （メソッド）	意　味 コピーする 使用例 Selection.Copy …選択された個所をコピーする
Currency （データ型）	意　味 通貨型のデータ 使用例 Dim 送料合計 As Currency …変数「送料合計」を通貨型の変数に定義する

D

Date （関数）	意　味 その日の日付を設定する 使用例 Range("A1").Value = Date …セルA1 の値に今日の日付を設定する
Dim 変数名 As データ型 （ステートメント）	意　味 変数名と型の定義を宣言する 使用例 Dim 行番号 As Integer …変数「行番号」を整数型の変数に定義する
Do Until ～ Loop （ステートメント）	意　味 Until以下の条件になるまで処理を繰り返す 使用例 Do Until ActiveCell.Value = 10 処理 Loop …アクティブセルの値が10になるまで、処理を繰り返す
Do While ～ Loop （ステートメント）	意　味 While 以下の条件に合っている間、処理を繰り返す 使用例 Do While ActiveCell.Value = 10 処理 Loop …アクティブセルの値が10の間、処理を繰り返す

付録

E

Exit （ステートメント）	意　味 **マクロの処理を途中で抜ける** 使用例 `Exit Sub` …Subプロシージャを途中で抜けて呼び出し元に戻る 使用例 `Exit Do` …Do ～ Loopを途中で抜ける

F

Font （プロパティ）	意　味 **文字** 使用例 `Range("A1").Font.FontSize = 10` …セルA1のフォントサイズを10に設定する
FontSize （プロパティ）	意　味 **文字のサイズ** 使用例 `Selection.Font.FontSize = 10` …選択した個所のフォントサイズを10に設定する

For ～ Next
（ステートメント）
	意　味 **指定した回数処理を繰り返す**
	使用例 `For 行番号= 2 To 13`
	`処理`
	`Next`
	…変数「行番号」の値を2から1ずつ増やして、13になるまで処理を繰り返す

I

If ～ Then
（ステートメント）
	意　味 **条件によって処理を変える**
	使用例 `If ActiveCell.Value = "できる" Then`
	`処理`
	`End If`
	…もし、アクティブセルの値が「できる」であれば、処理を実行する

If ～ Then ～ Else
（ステートメント）
	意　味　条件によって処理を変える
	使用例　If ActiveCell.Value = "できる" Then
	　処理1
	Else
	　処理2
	End If
	…もし、アクティブセルの値が「できる」であれば処理1を実行し、セルの値が「できる」でないときは、Else以下の処理2を実行する

If ～ Then ～ ElseIf （ステートメント）	意　味　複数の条件によって処理を変える 使用例　If ActiveCell.Value = "できる" Then 　処理1 ElseIf ActiveCell.Value ="マクロ" Then 　処理2 End If …もし、アクティブセルの値が「できる」であれば処理1を実行し、「マクロ」であれば、処理2を実行する
InputBox （関数）	意　味　ダイアログボックスにメッセージとテキストボックスを表示してキーボードから文字列の入力を受け付ける 使用例　InputBox("文字を入力してください", "文字入力") …「文字入力」という名前のダイアログボックスを表示し、「文字を入力してください」とメッセージを表示して文字入力を待つ

付録

Integer (データ型)	意　味 整数型のデータ 使用例 `Dim 列番号 As Integer` …変数「列番号」を整数型の変数に定義する
Interior (プロパティ)	意　味 背景、内部 使用例 `Selection.Interior.ColorIndex = 7` …選択された場所の内部の色をピンク(7)に設定する
IsDate (関数)	意　味 日付に変換できるデータか調べる 使用例 `IsDate("令和元年7月2日")` …「令和元年7月2日」が日付として認識できるか調べる
IsEmpty (関数)	意　味 セルに何も入力されていないか調べる 使用例 `IsEmpty(Range("B2")` …「セルB2が空のセルではないか調べる

O

Offset(数値1,数値2) (プロパティ)	意　味 基準となるセルから下に(数値1)行、右に(数値2)列移動したセル 使用例 `ActiveCell.Offset(2,3).Select` …アクティブセルの2つ下、3つ右のセルを選択する
Open (メソッド)	意　味 ブックを開く 使用例 `Workbooks.Open "Book1.xlsx"` …現在の作業フォルダーにある「Book1.xlsx」というブックを開く
Option Explicit (ステートメント)	意　味 変数の宣言を強制する

P

Pattern （プロパティ）	意　味 塗りつぶしのパターン 使用例 `Range("A1:B3").Interior.Pattern = xlVertical` …セルA1～B3に塗りつぶしパターンの［縦縞］（xlVertical）を設定する
PrintOut （メソッド）	意　味 印刷する 使用例 `Range("A1:C4").PrintOut` …セルA1～C4のセル範囲を印刷する

R

Range(" 数値 ") （プロパティ）	意　味 セルの範囲 使用例 `Range("A1").Select` …セルA1を選択する

S

Select （メソッド）	意　味 選択する 使用例 `Range("A1:B3").Select` …セルA1～B3を選択する

Sub ～ End Sub
（ステートメント）
	意　味 マクロの開始と終了を宣言する
	使用例 `Sub 見積書作成()`
	`…`
	`End Sub`
	…ここからマクロ［見積書作成］を開始する
	… 終了する

付録

T

ThisWorkbook （プロパティ）	意味 このマクロが記述されているブック 使用例 ThisWorkbook. Worksheets("Sheet1"). Activate …このマクロが記述されているブックの[Sheet1]シートをアクティブにする

V

Value （プロパティ）	意味 値 使用例 Range("A1").Value = 10 …セルA1の値に10を設定する
Variant （データ型）	意味 バリアント型のデータ。あらゆるデータを扱える 使用例 Dim データ番号 As Variant …変数「データ番号」をVariant型の変数に定義する

W

With ～ End With （ステートメント）	意味 省略できる範囲を指定する 使用例 With ActiveSheet … End With …ここから「ActiveSheet」を省略する…省略を終了する
Workbooks （プロパティ）	意味 ワークブックの参照を取得する 使用例 Workbooks("請求書").Activate …ブック[請求書]を選択する
Worksheets （プロパティ）	意味 ワークシートの参照を取得する 使用例 Worksheets("売上").select … [売上]シートを選択する

付録

索引

た

は

ま

索引

できるサポートのご案内

本書の記載内容について、無料で質問を受け付けております。受付方法は、電話、FAX、ホームページ、封書の4つです。なお、A. ～ D.はサポートの範囲外となります。あらかじめご了承ください。

受付時に確認させていただく内容

①書籍名・ページ
『できるポケット Excelマクロ&VBA 基本&活用マスターブック Office 365/2019/2016/2013/2010対応』
②書籍サポート番号→500645
※本書の裏表紙（カバー）に記載されています。
③お客さまのお名前
④お客さまの電話番号
⑤質問内容
⑥ご利用のパソコンメーカー、機種名、使用OS
⑦ご住所
⑧FAX番号
⑨メールアドレス

サポート範囲外のケース

A. 書籍の内容以外のご質問（書籍に記載されていない手順や操作については回答できない場合があります）
B. 対象外書籍のご質問（裏表紙に書籍サポート番号がないできるシリーズ書籍は、サポートの範囲外です）
C. ハードウェアやソフトウェアの不具合に関するご質問（お客さまがお使いのパソコンやソフトウェア自体の不具合に関しては、適切な回答ができない場合があります）
D. インターネットやメール接続に関するご質問（パソコンをインターネットに接続するための機器設定やメールの設定に関しては、ご利用のプロバイダーや接続事業者にお問い合わせください）

問い合わせ方法

電話 （受付時間：月曜日～金曜日 ※土日祝休み 午前10時～午後6時まで）

0570-000-078

電話では、上記①～⑤の情報をお伺いします。なお、通話料はお客さま負担となります。対応品質向上のため、通話を録音させていただくことをご了承ください。一部の携帯電話やIP電話からはご利用いただけません。

FAX （受付時間：24時間）

0570-000-079

A4サイズの用紙に上記①～⑧までの情報を記入して送信してください。質問の内容によっては、折り返しオペレーターからご連絡をする場合もあります。

インターネットサポート（受付時間：24時間）

https://book.impress.co.jp/support/dekiru/

上記のURLにアクセスし、専用のフォームに質問事項をご記入ください。

封書

〒101-0051
東京都千代田区神田神保町一丁目105番地
株式会社インプレス
できるサポート質問受付係

封書の場合、上記①～⑦までの情報を記載してください。なお、封書の場合は郵便事情により、回答に数日かかる場合もあります。

■著者
小舘由典（こたてよしのり）

株式会社イワイシステム開発部に所属。ExcelやAccessを使ったパソコン向けの業務アプリケーション開発から、UNIX系データベース構築まで幅広く手がける。できるシリーズのExcel関連書籍を長年執筆している。表計算ソフトとの出会いは、1983年にExcelの元祖となるMultiplanに触れたとき。以来Excelとは、1985年発売のMac用初代Excelから現在までの付き合い。主な著書に『できるExcelマクロ&VBA 作業の効率化&時短に役立つ本 Office 365/2019/2016/2013/2010対応』『できるExcel 2019 Office 2019/Office 365両対応』『できるWord&Excel 2019 Office 2019/Office 365両対応』（共著）『できるExcel VBAプログラミング入門 仕事がサクサク進む自動化プログラミングが作れる本』『できるExcel&PowerPoint 2016 仕事で役立つ集計・プレゼンの基礎が身に付く本 Windows 10/8.1/7対応』『できるポケットExcel 2019基本&活用マスターブック Office 2019/Office 365両対応』（以上、インプレス）などがある。

STAFF

カバーデザイン	株式会社ドリームデザイン
本文フォーマット	株式会社ドリームデザイン
カバーモデル写真	PIXTA
本文イメージイラスト	廣島　潤
DTP 制作	町田有美・田中麻衣子
編集制作	高木大地
デザイン制作室	今津幸弘 <imazu@impress.co.jp>
	鈴木　薫 <suzu-kao@impress.co.jp>
制作担当デスク	柏倉真理子 <kasiwa-m@impress.co.jp>
編集	進藤　寛< shindo@impress.co.jp >
編集長	藤原泰之 <fujiwara@impress.co.jp>

本書は、できるサポート対応書籍です。本書の内容に関するご質問は、238ページに記載しております「できるサポートのご案内」をお読みのうえ、お問い合わせください。なお、本書発行後に仕様が変更されたハードウェア、ソフトウェア、インターネット上のサービスの内容などに関するご質問にはお答えできない場合があります。該当書籍の奥付に記載されている初版発行日から3年が経過した場合、もしくは該当書籍で紹介している製品やサービスについて提供会社によるサポートが終了した場合は、ご質問にお答えしかねる場合があります。また、以下のご質問にはお答えできませんのでご了承ください。
・書籍に掲載している手順以外のご質問
・ハードウェアやソフトウェアの不具合に関するご質問
・インターネット上のサービス内容に関するご質問
本書の利用によって生じる直接的または間接的被害について、著者ならびに弊社では一切の責任を負いかねます。あらかじめご了承ください。

■落丁・乱丁本などの問い合わせ先
TEL 03-6837-5016 FAX 03-6837-5023
service@impress.co.jp
受付時間 10:00 ～ 12:00 ／ 13:00 ～ 17:30
（土日・祝祭日を除く）
●古書店で購入されたものについてはお取り替えできません。

■書店／販売店の窓口
株式会社インプレス 受注センター
TEL 048-449-8040 FAX 048-449-8041

株式会社インプレス 出版営業部
TEL 03-6837-4635

できるポケット
Excelマクロ&VBA 基本&活用マスターブック Office 365/2019/2016/2013/2010対応

2019年7月1日 初版発行

著 者 小舘由典&できるシリーズ編集部

発行人 小川 亨

編集人 高橋隆志

発行所 株式会社インプレス
〒101-0051 東京都千代田区神田神保町一丁目105番地
ホームページ https://book.impress.co.jp/

印刷所 株式会社廣済堂
ISBN978-4-295-00645-9 C3055

Printed in Japan